KB190332

나비·나방

한국나비학회 이사
김 성 수

교학사

머 리 말

최근에 와서 나비에 관한 책들이 여러 권 나와 독자들로 하여금 나비에 대한 궁금증을 푸는 데 도움을 주고 있다. 그러나 대부분 책이 너무 커서 필요할 때 펴 볼 수 없어, 손수 가지고 다닐 수 있는 포켓 북 형식의 책을 고대해 오던 중 이번 교학사에서 기획한 미니 자연 도감 시리즈에 참여하게 되어 그 꿈이 이루어지게 되었다.

이 책은 야외에서 흔하게 볼 수 있는 184종의 나비의 생태 사진을 분류학적으로 소개했으며, 간혹 독자들이 나비라 여기면서 야외에서 쉽게 보게 되는 나방도 중요 과(科)의 171종의 대표 종들도 정리하여 싣게 되었다. 사실 나방도 나비 못지않게 아름다우면서도 몸에 인분이 많고 몸집이 커서 징그럽게 생각하던 사람들이 많았다. 하지만 나비에 비해 그 종류도 많고, 색채의 변화는 물론 생태적 특성도 다양할 뿐만 아니라, 산림과 농작물에 해가 되는 것도 다수 있으나, 이들은 생태계에서 중요한 역할을 하는 무리이므로 그저 가볍게 취급할 수만은 없다. 필자는 이 책에서 나비와 함께 나방을 소개할 수 있게 된 것을 기쁨으로 생각한다.

끝으로, 이 책을 위하여 귀중한 사진 자료를 제공해 주신 이영준, 최용근, 주홍재, 손정달, 홍상기 씨 등 여러분께 진심으로 감사의 뜻을 표한다. 또, 획기적인 기획으로 독자들이 야외에서 손쉽게 나비와 나방에 다가갈 수 있도록 기회를 마련해 주신 교학사 양철우 사장님과 유홍희 부장님, 그리고 편집부 여러분께 감사를 드린다.

2003년 2월

김 성 수

차 례

나비편

나방편

알려두기

이 책에서는 남한에서 볼 수 있는 나비 184종과 나방 171종을 소개하였다. 우리가 야외에 나가 쉽게 볼 수 있는 나비와 나방의 종류를 포켓 북 형식으로 꾸며 보았다.

사진 : 야외에 나갈 때 종의 대표적인 특징을 알 수 있도록 하였다. 또, 계절형, 암수 차이가 나는 사진을 최대한 실었다.

분류 : 과의 분류 단위와 종의 배열은 최근의 연구 결과를 최대한 수용했으나, 지면 관계로 분류학적인 순서로 이루어진 것은 아니다.

한국명 : 한국명은 한국곤충명집(1994)에 근거하였으며, 그 뒤에 나온 여러 연구물을 참조하였다. 우리 나라에 처음 기록되는 일부 나방은 필자가 새로 지었다.

구성 : 나비 중 희귀종이거나 정보가 불충분한 종들은 구성을 달리하여 설명하였다.

도판의 크기 : 될 수 있으면 실물 크기와 일치하도록 하였으나, 지면 활용 관계로 부득이 축소, 확대된 것이 많다.

생태적 기술 : 대부분 국내에서 발간되고 검증된 내용을 바탕에 두었다.

나방 설명 : 아직까지 해명되지 않은 부분이 많아, 나비처럼 서술하기가 어려워 설명식으로 꾸몄다. 아래 그림은 여러 가지 나방의 더듬이이다.

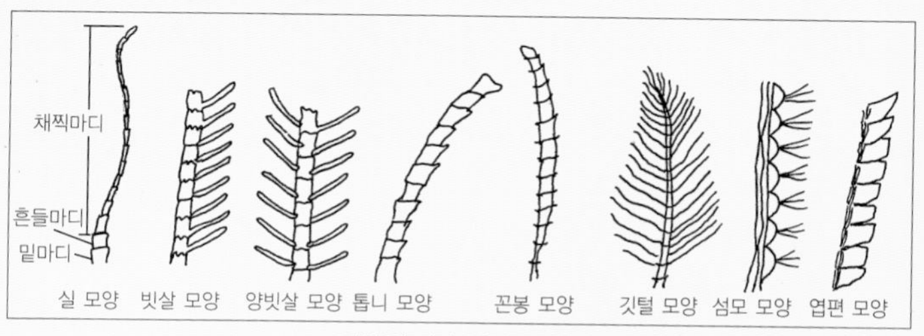

나방의 여러 가지 더듬이

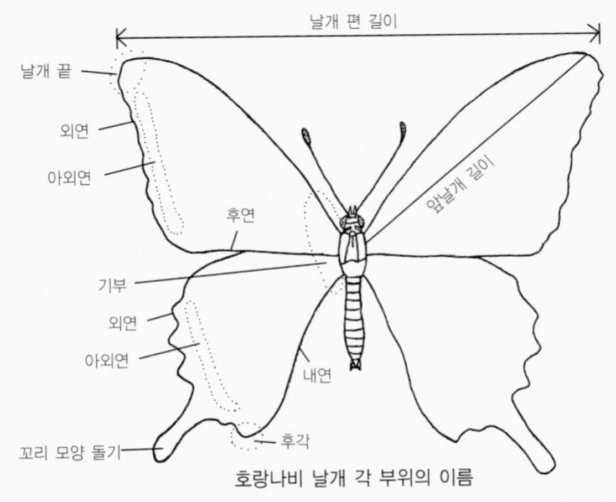

호랑나비 날개 각 부위의 이름

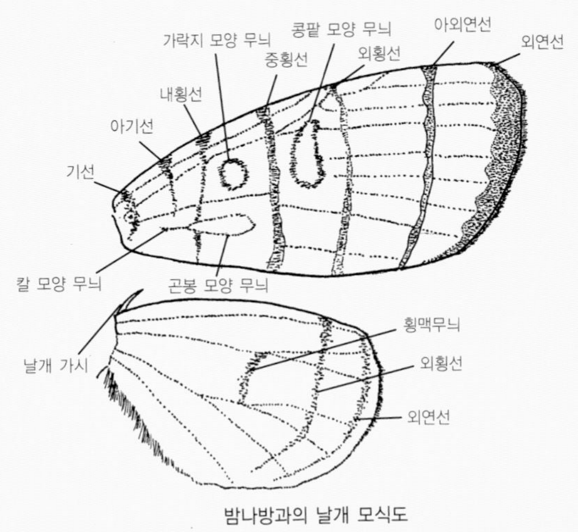

밤나방과의 날개 모식도

용어 해설

계절형 (季節型) | 1년에 여러 번 반복하여 엄지벌레가 발생할 때 같은 종류가 계절에 따라 날개의 빛깔 또는 모양이 달라지는 것을 말한다. 여기에는 봄형, 여름형, 또는 가을형이 있다.

다식성 (多食性) | 애벌레가 여러 종류의 식물을 먹고 사는 것을 말한다. 이에 대해 한 가지 식물만 먹는 것을 단식성이라고 한다.

대용 (帶蛹) | 번데기가 배 끝을 물체에 붙이고, 또 가슴 부위를 자신이 토해 낸 실로 매다는 모습으로, 호랑나비과, 흰나비과, 부전나비과, 팔랑나비과에서 나타난다.

먹이 식물 (食草 · 食樹) | 나비 · 나방류의 애벌레가 먹는 식물을 말한다. 예외로 나비 중에는 바둑돌부전나비가 일본납작진딧물을 먹는 것처럼 육식성인 경우도 있으며, 담흑부전나비처럼 개미와 공생하는 경우도 있다.

변이 (變異) | 지역에 따라 날개의 빛깔이나 모양이 다른 경우는 지역 변이, 한 지역 내에서의 미묘한 무늬의 차이를 개체 변이라고 한다.

분포 (分布) | 한 종이 알부터 엄지벌레까지의 기간을 연속해서 반복하는 장소를 말한다. 여기에서는 남한 내의 분포만 다루었다.

서식지 (棲息地) | 엄지벌레가 나타나는 장소의 생태적 환경을 말하는데, 애벌레 시기의 환경도 고려에 넣는다.

성표 (性標) | 수컷의 경우 날개에 특별하게 나타나는 무늬, 털, 빛깔 등을 말한다.

수용 (垂蛹)	번데기가 배 끝만 물체에 고정시킨 다음 머리를 아래로 향하는 모습으로, 네발나비과에서 나타난다.
수태낭 (受胎囊)	짝짓기가 끝나면 일부 호랑나비과의 수컷이 암컷의 배 끝에 분비물을 내어 일정한 형태의 돌기물을 만드는데, 이 돌기물이 생긴 암컷은 다른 수컷과는 다시 짝짓기를 할 수 없게 된다.
월동태 (越冬態)	겨울에 기온이 내려가거나 낮의 길이가 짧아지는 조건에 따라 성장 또는 활동을 할 수 없게 되어 일시적으로 휴면하는 상태를 말한다.
점유 행동 (占有行動)	수컷이 암컷을 차지하려는 행동으로, 일정한 공간을 확보하는 행동을 말한다.
접도 (蝶道)	호랑나비과 중에 산길이나 계곡의 같은 경로를 선회하는 모습을 말하는데, 주로 수컷들이다. 빛이 접도, 즉 나비길을 결정하는 중요한 요소가 된다.
출현기 (出現期)	엄지벌레가 나타나는 시기를 말한다.
크기	표본을 만들었을 때 양 날개 끝을 잇는 선의 길이를 말한다. 나방편에서의 '날개 편 길이'와 같은 의미이다.
하면 (夏眠)	한참 온도가 올라가는 7월 말에서 8월에 행동을 일시 중단하고 잎 그늘 같은 곳에서 쉬는 행동을 말하는데, 주로 표범나비류와 같은 초원성 나비에서 나타난다.
흡밀식물 (吸蜜植物)	나비는 영양분을 얻기 위해 여러 꽃에서 흡밀하는 경우가 많은데, 이 때 대상이 되는 식물들을 흡밀식물이라고 한다.

나비편

곤충 가운데 나비와 나방은 나비목에 속한다.
나비목은 세계적으로 17만 종이 알려져 있는데,
그 중 나비가 2만여 종 정도 되고
나머지는 나방이다.
우리 나라는 262종의 나비가 알려져 있다.

나비류의 구분

붉은점모시나비

산제비나비

■ 호랑나비과

대형종으로, 날개의 형태와 색채가 다양하다. 날개가 크기 때문에 나는 힘이 강한 종류가 많다. 모시나비와 같이 꼬리가 없는 종부터 꼬리명주나비처럼 꼬리가 발달한 종류까지 있다. 전세계에 약 600종 이상이 알려져 있는데, 남한에 12종이 분포한다. 이 중 붉은점모시나비는 환경부 지정 보호 대상 종이다.

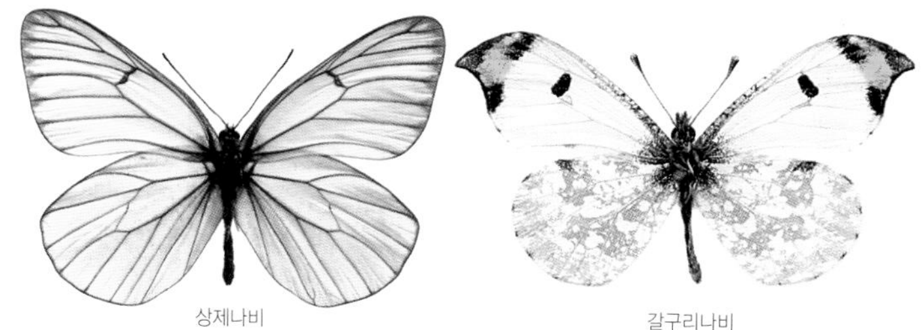

상제나비 갈구리나비

흰나비과

중형으로, 흰색과 노란색 계통의 나비들이 많다. 대개 풀밭을 무대로 살아가나, 개중에는 멧노랑나비처럼 산림에 적응한 종류도 있다. 전세계에 약 1200종이 알려져 있는데, 남한에 14종이 분포한다. 이 중 상제나비는 환경부 지정 보호 대상 종이고, 최근 북한에 서식하던 연주노랑나비가 휴전선 부근에서 채집되었다.

선녀부전나비 암고운부전나비

부전나비과

거의 소형으로, 녹색, 하늘색, 주홍색, 흑갈색 등 색채의 변화가 많은 나비들이다. 뒷날개에 꼬리 모양 돌기를 가진 종류가 많다. 푸른부전나비처럼 전국 어디에나 흔한 종이 있는가 하면, 검정녹색부전나비처럼 경기도와 강원도 일부 지역에만 분포하여 관찰하기 어려운 종도 있다. 전세계에 약 6000종 이상이 알려져 있는데, 남한에 54종이 분포한다. 이 중 깊은산부전나비와 쌍꼬리부전나비는 환경부 지정 보호 대상 종이다.

유리창나비

눈많은그늘나비

네발나비과

중형에서 대형으로, 앞다리가 작아져 퇴화된 모양을 한다. 개중에는 아랫입술이 특별히 발달한 뿔나비가 있는가 하면, 계절에 따른 무늬나 날개 모양의 차이가 심한 거꾸로여덟팔나비도 있다. 특별히 오색나비는 보는 각도에 따라 보랏빛 광택이 난다. 전세계에 약 6000종 이상이 알려져 있는데, 남한에 91종이 분포한다. 이 중 왕은점표범나비는 환경부 지정 보호 대상 종이고, 산굴뚝나비는 멸종 위기 종이다.

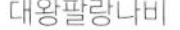
대왕팔랑나비

수풀떠들썩팔랑나비

팔랑나비과

소형의 나비로, 날개보다 몸집이 큰 종류이다. 날아다니는 힘이 강하고 직선적이다. 더듬이 밑부분은 서로 떨어져 있는 것이 특징적이다. 날개의 색은 대체로 어둡고 단색 계열이 많은데, 무늬도 단순하다. 전세계에 약 3000종 이상이 알려져 있다. 남한에 27종이 분포한다.

나비가 사는 곳

야외에 나가 나비를 관찰하려면 특별히 나비가 많은 곳을 찾아가야 한다. 이 도감에서는 나비가 살 만한 대표적인 곳을 다섯 가지로 구분하였다. 하이킹이나 등산, 소풍을 갈 때, 미리 어떤 지역인지 확인해 두면 많은 종류의 나비를 볼 수 있을 것이다.

산제비나비

번개오색나비

왕나비

· 높은 산에서 볼 수 있는 나비

강원도나 경기도의 높은 산, 또는 지리산 같은 곳의 산길이나 계곡 주변에 산림성 나비가 잘 날아든다. 특별히 산꼭대기에서는 산호랑나비, 산제비나비, 번개오색나비, 왕나비를 볼 기회가 많다.

먹그늘나비붙이

흑백알락나비

산녹색부전나비

· 낮은 산에서 볼 수 있는 나비

300m 정도의 낮은 산의 등산로, 나무숲 그늘, 숲 속 빈터에 녹색부전나비류와 흑백알락나비, 부처나비 등이 날아다닌다.

남방노랑나비

풀흰나비

큰주홍부전나비

· 풀밭에서 볼 수 있는 나비

나무가 적은 곳이 최근에는 보기가 힘들어졌다. 과거보다 산에 나무가 많이 들어서고, 대부분의 풀밭은 경작지로 변모되었기 때문이다. 아직 남아 있는 풀밭의 유형을 보면 고산 지대나 영월 석회암 지대와 같은 건조한 풀밭, 하천과 강 유역의 축축한 풀밭, 그리고 논밭 주변 등이다.

호랑나비

작은멋쟁이나비

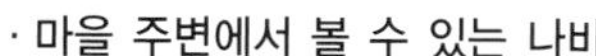

· 마을 주변에서 볼 수 있는 나비

도시 속의 공원, 고궁, 가로수 등과 같이 사람과 함께 사는 공간 속에도 나비가 날아다닌다. 또, 호랑나비와 작은멋쟁이나비는 뜰에 핀 꽃에 잘 날아든다.

배추흰나비

가락지나비

산굴뚝나비

· 특별한 장소에서만 볼 수 있는 나비

나비 중에는 이동력이 커 넓은 지역에서 볼 수 있는 종류도 있지만, 협소한 지역에 국한하여 사는 나비도 있다. 남한의 한라산 1300 m 이상 지역에서만 볼 수 있는 산굴뚝나비, 가락지나비, 산꼬마부전나비, 제주도 함덕에만 있는 남방남색부전나비, 전남 두륜산에서만 볼 수 있는 남방녹색부전나비들이 대표적이다.

남방남색부전나비

호랑나비과 Papilionidae

우리 나라에 모시나비아과와 호랑나비아과가 있다.

산제비나비

◇ 호랑나비아과는 최근 여러 속으로 재편하는 경향이 있다. 크게 사향제비나비류, 호랑나비류, 청띠제비나비류로 나눌 수 있다.

◇ 모시나비아과는 원시적인 그룹으로, 짝짓기를 하고 나면 암컷에게 수태낭이 생긴다.

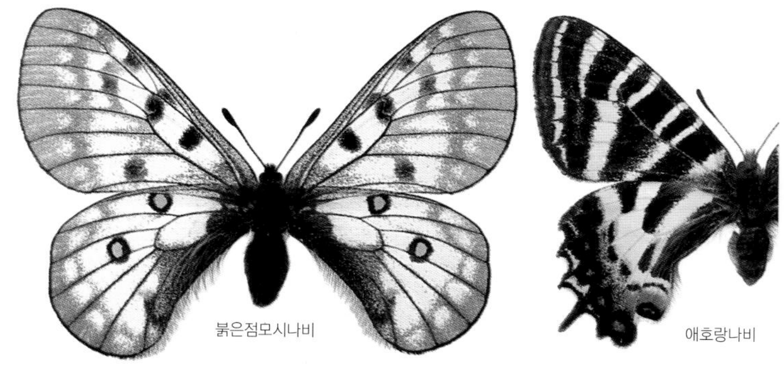

생활사

알 표면이 매끄러운 공 모양이나, 모시나비류는 표면에 요철이 나 있다. 알의 빛깔은 담녹색, 진주색, 주황색 등 다양하다. 보통 하나씩 알을 낳으나, 수 개에서 수십 개씩 한꺼번에 낳는 종류도 있다.

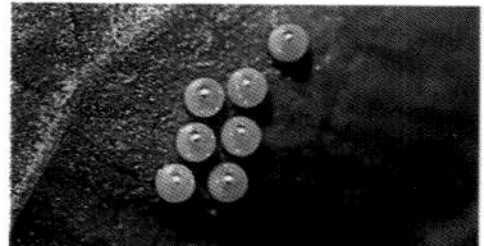
애호랑나비 알
1996. 10. 5. 주금산(경기)

애벌레 대부분 머리와 가슴 사이에 신축성이 있는 취각을 가지고 있다. 이 부분을 자극하면 독특한 냄새를 풍겨 천적들을 격퇴시킨다.

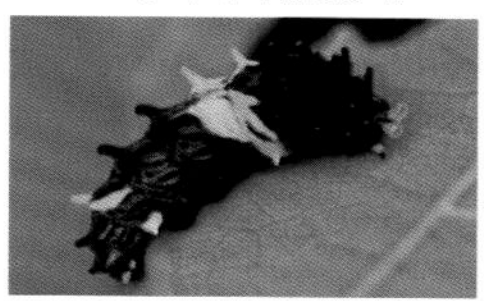
사향제비나비 애벌레
2000. 7. 28. 오대산(강원)

번데기 번데기는 애벌레 때 뽑아 낸 실에 의해 여러 물질에 붙어 있는데, 대용의 모습이다. 겉면은 녹색 또는 갈색을 띤다.

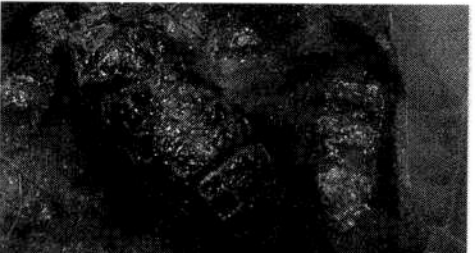
애호랑나비 번데기
1990. 6.

▲ 진달래꽃에서 꿀을 빤다. 1998. 4. 8. 주금산(경기)

애호랑나비

Luehdorfia puziloi

추위가 채 가시기도 전 이른 봄부터 날아다녀서 봄의 여신이라 불린다. 잎이 채 나지 않은 숲 속에 핀 진달래, 얼레지, 제비꽃 등에서 꿀을 빨아먹는다. 낮에도 추워지면 낙엽 위에 날개를 활짝 펴고 앉아 일광욕을 하는 일이 많다. 맑은 날이면 수컷은 활발하게 능선 위를 헤집고 날아다닌다. 암컷은 족도리풀 잎 뒤에 6~15개의 진주 같은 알을 낳아 붙인다. 애벌레는 검은색으로 몸에 털이 나 있다.

- 크기 / 28~34 mm
- 출현기 / 4~5월 (연 1회)
- 서식지 / 낙엽 활엽수림, 산지의 숲 가장자리
- 암수 구별 / 수컷은 배에 잔털이 나 있고 암컷은 배 끝에 수태낭이 있다.
- 계절형 / 없다.
- 먹이 식물 / 쥐방울덩굴과 족도리, 개족도리
- 월동태 / 번데기
- 분포 / 남한 각지 (부속 섬 제외)

▲ 진달래꽃에 온 암수. 2002. 4. 14. 해산(강원)

▲ 얼레지꽃에 잠깐 날아옴. 1995. 4. 12. 화야산(경기)

▲ 흰 꽃에 날아와 날개를 펴는 수컷. 1995. 6. 7. 계방산(강원)

◀ 날개를 접고 휴식하는 암컷.
1999. 6. 6. 함백산(강원)

모시나비

Parnassius stubbendorfii

숲 가장자리 양지바른 풀밭에서 하얗고 투명한 날개로 미끄러지듯 난다. 날개색이 하얗기 때문에 '모시' 라는 이름이 붙었다. 엉겅퀴 등의 여러 꽃에 잘 날아들며, 손으로 잡아도 날아가지 않는 때도 있다. 암컷은 짝짓기 후 수태낭이 생기는데, 이것 때문에 두 번 다시 짝짓기할 수 없게 된다. 강원도 개체들은 다른 지역에 비해 작고, 날개의 빛깔이 검어지는 경향이다.

- 크기 / 28~30 mm
- 출현기 / 5~6월 (연 1회)
- 서식지 / 낙엽 활엽수림의 넓은 풀밭
- 암수 구별 / 암컷은 배에 털이 없으며, 짝짓기 후 수태낭이 생긴다.
- 계절형 / 없다.
- 먹이 식물 / 현호색과 현호색, 들현호색
- 월동태 / 알
- 분포 / 남한 각지 (제주도, 울릉도 제외)

▲ 기린초에서 날개를 펴고 휴식. 2002. 5. 19. 자굴산(경남)

▶ 막 우화한 수컷. 2002. 5. 19. 자굴산(경남)

- 크기 / 36~55 mm
- 출현기 / 5월 중순~6월 중순 (연 1회)
- 서식지 / 건조한 풀밭
- 암수 구별 / 암컷은 배에 털이 없으며, 짝짓기 후 수태낭이 생긴다.
- 계절형 / 없다.
- 먹이 식물 / 돌나물과 기린초
- 월동태 / 알
- 분포 / 강원도와 경남 일부 지역

붉은점모시나비

Parnassius bremeri

모시나비와 흡사하지만, 날개에 붉은 점무늬가 뚜렷하여 붉은점모시나비라고 한다. 양지바르고 바위투성인 풀밭에 산다. 요즘 차츰 그 수가 줄어들어 과거 서식지에서 보이지 않게 된 곳이 많아졌다. 하지만 강원도 일부 지역에서는 개체 수가 느는 경향이다. 환경부 지정 보호 대상 종이다. 알로 월동하고, 3월 초에 부화한 애벌레는 4월 중순경에 번데기가 된다.

▲ 날개를 펴고 앉아 있는 암컷. 1997. 5. 1. 단양군 유암리(충북)

꼬리명주나비

Sericinus montela

뒷날개에 꼬리가 길고, 날개의 빛깔이 명주 옷감 같아 보인다. 야산을 낀 밭 주변의 풀밭 위를 낮게 활강하듯이 날아다닌다. 간혹 앉을 때에는 날개를 펴는 일이 많다. 개망초, 엉겅퀴 등의 꽃에 잘 날아들며, 습지에서 물을 먹기도 한다. 알은 쥐방울덩굴 새싹이나 줄기에 20개 이상을 한꺼번에 낳는다. 애벌레는 무리짓는다. 예전에는 경기도에도 흔했으나 지금은 강원도 높은 산자락에 많다.

- 크기 / 25~30 mm
- 출현기 / 4~5월, 6~7월, 8월 중순~9월 (연 3회)
- 서식지 / 쥐방울덩굴이 많은 풀밭
- 암수 구별 / 수컷은 날개의 빛깔이 밝고 암컷은 어둡다.
- 계절형 / 여름형은 크고 앞날개의 붉은 무늬가 없다.
- 먹이 식물 / 쥐방울덩굴과 쥐방울덩굴
- 월동태 / 번데기
- 분포 / 전남 대부분과 부속 섬을 제외한 남한 전역

▲ 비상하는 여름형 수컷. 1994. 8. 12. 쌍용(강원)

▲ 짝짓기(왼쪽이 암컷, 오른쪽이 수컷). 2001. 8. 17. 태화산(강원)

▲ 종령애벌레 1991. 6. 2. 명지산(경기)

▲ 물가에서 물을 먹는 암컷. 1994. 6. 6. 오대산(강원)

사향제비나비

Atrophaneura alcinous

몸에서 사향 냄새가 나서 붙여진 이름이다. 배의 양 옆으로 붉은 무늬가 있다. 숲 가장자리를 유유히 날아다니는데, 제비나비류 중에서 가장 느리다. 엉겅퀴, 매화말발도리, 개망초 등의 꽃에 잘 날아들며, 간혹 습지에도 찾아와 날개를 펴고 앉는다. 애벌레는 검은색 바탕에 흰색 띠무늬가 두드러져 있는데, 만지면 노란색의 취각을 내놓아 고약한 냄새를 풍긴다. 번데기는 연한 노란색이고, 오뚝이 모양으로 생겼다.

- 크기 / 45~60 mm
- 출현기 / 5~6월, 7~9월 (연 2~3 회)
- 서식지 / 낙엽 활엽수림 가장자리
- 암수 구별 / 수컷의 날개는 검고, 암컷은 회갈색이다.
- 계절형 / 여름형이 크다.
- 먹이 식물 / 쥐방울덩굴과 쥐방울덩굴, 등칡
- 월동태 / 번데기
- 분포 / 남한 각지 (제주도, 울릉도 제외)

▲ 점유 행동 중 휴식하는 수컷. 1999. 7. 30. 다랑쉬오름(제주)

- 크기 / 38~68 mm
- 출현기 / 5~6월, 7~10월 (연 2~3회)
- 서식지 / 밭 주변, 하천 주위의 풀밭, 산의 풀밭, 산꼭대기
- 암수 구별 / 암컷은 크고, 날개가 검다.
- 계절형 / 여름형은 크다.
- 먹이 식물 / 산형과 미나리, 당근, 참당귀 등
- 월동태 / 번데기
- 분포 / 남한 각지 (울릉도 제외)

산호랑나비

Papilio machaon

날개는 노란색과 푸른색이 어울러진 아름다운 나비이다. 양지바른 장소를 좋아하며, 해안 지대에서 산꼭대기까지 볼 수 있어, 서식지 범위가 꽤 넓다. 수컷은 산꼭대기에서 점유 행동을 보일 때가 많다. 앉을 때에는 날개를 펴지만, 엉겅퀴, 개망초 등의 꽃에 날아올 때에는 날개를 반쯤 펴거나 접는다. 애벌레는 당근과 미나리를 먹으므로 이들 재배 농가에서 해충으로 여긴다.

호랑나비

Papilio xuthus

예로부터 우리 민족과 친숙했던 나비이다. 양지바른 풀밭이나 숲 가장자리를 활발하게 날아다닌다. 다른 지방보다 제주도는 귤나무와 같은 먹잇감이 풍부해서 그런지 이 나비가 꽤 많다. 수컷은 암컷을 찾아다니는 일이 많고, 암컷은 천천히 날며 산란하러 다니는 일이 많다. 여러 꽃에 잘 날아들며, 습지에도 무리지어 잘 내려앉는다. 애벌레는 귤나무 잎을 먹으므로 해충으로 취급된다.

- 크기 / 34~62 mm
- 출현기 / 4~10월 (연 2~4회)
- 서식지 / 마을 주변 양지바른 곳
- 암수 구별 / 암컷은 날개의 빛깔이 엷고, 뒷날개에 검은색 무늬가 없다.
- 계절형 / 여름형 쪽이 크고, 날개가 검다.
- 먹이 식물 / 운향과 머귀나무, 산초나무, 초피나무, 황벽나무, 왕산초나무
- 월동태 / 번데기
- 분포 / 남한 각지

▲ 물가에 떼지어 모인 수컷 무리.
1993. 6. 23. 영월(강원)

▶ 무꽃에 날아와 꿀을 빠는 봄형 수컷.
1999. 5. 10. 노형동(제주)

▲ 땅바닥에서 일광욕을 하는 수컷. 2000. 5. 11. 비자림(제주)

긴꼬리제비나비

Papilio macilentus

제비나비류 중에서 날개가 가장 가늘고 꼬리 모양 돌기가 가장 길다. 산의 계곡이나 산 가장자리에 잘 날아오며, 맑은 날 약간 어두운 숲 공간을 좋아하여 날아다닌다. 엉겅퀴와 개망초 등의 꽃에 찾아오며, 물가에도 잘 내려앉는다. 호랑나비처럼 크게 무리지어 모이는 것 같지 않는다. 수컷은 뒷날개 전연 부분에 황백색의 성표가 뚜렷하게 나타난다. 짝짓기는 조금 어두운 숲 속에서 이루어지기 때문에 발견하기 어렵다.

- 크기 / 50~65 mm
- 출현기 / 5~9월 (연 2~3회)
- 서식지 / 산지나 계곡 주변
- 암수 구별 / 수컷은 날개의 빛깔이 짙고, 뒷날개 전연에 황백색 띠가 있다.
- 계절형 / 여름형 쪽이 크다.
- 먹이 식물 / 운향과 탱자나무, 머귀나무, 산초나무, 초피나무
- 월동태 / 번데기
- 분포 / 남한 각지 (울릉도 제외)

▲ 짝짓기. 1993. 7. 14. 영월(강원)

▲ 꿀을 빨아먹기 위해 날아온 봄형 암컷. 1994. 5. 30. 두륜산(전남)

남방제비나비

Papilio protenor

긴꼬리제비나비와 비슷하나 날개의 너비가 넓고, 뒷날개의 꼬리 모양 돌기가 짧다. 주로 서해안 섬, 남부 지방과 제주도에 분포하는 남방계 나비이다. 간혹 중부 지방에서 채집되나 남부 지방에서 날아온 것으로 추측된다. 숲 가장자리를 맴돌며 계곡을 따라 날아다닌다. 철쭉, 아카시아, 엉겅퀴 등의 꽃에 잘 날아들며, 습지에도 내려앉는다. 간혹 뒷날개의 꼬리 모양 돌기가 퇴화한 무미형이 나타나기도 한다.

- 크기 / 47~68 mm
- 출현기 / 4~10월 (연 2~4회)
- 서식지 / 산지나 계곡 주변
- 암수 구별 / 수컷은 날개의 빛깔이 짙고, 뒷날개 전연에 황백색 띠가 있다.
- 계절형 / 여름형 쪽이 크다.
- 먹이 식물 / 운향과 귤나무, 탱자나무, 머귀나무, 산초나무
- 월동태 / 번데기
- 분포 / 경기도 섬, 남부 해안 지방 및 섬, 제주도

▲ 엉겅퀴꽃에서 꿀을 빤다. 2000. 7. 23. 천왕사(제주)

- 크기 / 50~82 mm
- 출현기 / 4~10월 (연 2~4회)
- 서식지 / 평지에서 강원도 산지까지 넓게 분포
- 암수 구별 / 수컷의 앞날개에 비로드 털 모양의 성표가 있다.
- 계절형 / 여름형 쪽이 크다.
- 먹이 식물 / 운향과 머귀나무, 산초나무, 초피나무, 황벽나무
- 월동태 / 번데기
- 분포 / 남한 각지

제비나비

Papilio bianor

제비처럼 까맣게 생겼다고 하여 붙여진 이름이다. 실제는 날개에 청록색 인분이 많아서 완전히 검지 않다. 산지에 많고, 마을 주변이나 도심에도 곧잘 내려온다. 날씨가 맑으면 물가에 여러 마리가 떼를 지어 앉아 있는 경우가 많다. 여러 꽃에 잘 날아드는데, 나는 힘이 강하여 매우 힘차 보인다. 남부의 섬이나 울릉도, 제주도의 개체들은 육지산과 비교할 때 크기와 색이 약간 다르다.

▲ 땅바닥에서 물을 먹는 수컷. 2002. 7. 17. 오대산(강원)

◀ 날개를 접고 살짝 떠는 모습. 1993. 7. 18. 광덕산(강원)

산제비나비

Papilio maackii

제비나비와 비슷하지만 날개의 청록색 인분이 더 많고, 날개의 아외연에 황록색 띠무늬가 있어 차이가 난다. 석주명 선생은 이 나비를 우리 나라의 대표 나비로 지정하자고 제안했던 적이 있다. 산지의 계곡에 살며, 산꼭대기를 선회 비행하는 일이 많다. 계곡이나 산길을 따라 나는 나비 길을 가지고 있다. 여러 꽃에 잘 모이고, 때로는 물가에 무리지어 내려앉는 일이 많다.

- 크기 / 38~72 mm
- 출현기 / 4~9월 (연 2~3회)
- 서식지 / 낙엽 활엽수림
- 암수 구별 / 수컷의 날개에 비로드 털 모양의 성표가 있다.
- 계절형 / 여름형 쪽이 크다.
- 먹이 식물 / 운향과 머귀나무, 황벽나무
- 월동태 / 번데기
- 분포 / 남한 각지

▲ 물가에 잘 날아오는 수컷. 2001. 7. 22. 안덕계곡(제주)

청띠제비나비

Graphium sarpedon

- 크기 / 36~47 mm
- 출현기 / 5~10월 (연 2~3회)
- 서식지 / 상록 활엽수림
- 암수 구별 / 수컷의 뒷날개에 내연에 접힌 부분을 들춰 보면 흰 털이 나 있다.
- 계절형 / 봄형은 작고, 날개의 푸른 띠의 너비는 넓어 보인다.
- 먹이 식물 / 녹나무과 녹나무, 후박나무
- 월동태 / 번데기
- 분포 / 남해안과 인접 섬, 제주도와 울릉도

까만 바탕에 청록색의 띠가 선명한 나비이다. '청띠' 라는 이름은 사실 '푸른 띠' 로 보아도 옳다. 남해안이나 인접 섬에 분포하며, 녹나무와 후박나무가 많은 절, 공원, 도로에도 날아다닌다. 수컷은 500~600 m 정도의 산꼭대기에 올라와 텃세권을 만든다. 엉겅퀴, 거지덩굴, 토끼풀 등 여러 꽃에 잘 모이며, 습지에 무리지어 내려앉는다. 겨울에 외따로 떨어져 있는 후박나무의 잎뒤에 번데기가 붙어 있는 것이 종종 눈에 띈다.

흰나비과 Pieridae

우리 나라에 기생나비아과와 노랑나비아과, 배추흰나비아과가 있다.

북방기생나비

상제나비

배추흰나비

풀흰나비

남방노랑나비

갈구리나비

◇ 기생나비아과는 연약한 날개를 가진 그룹으로, 날 때에 힘이 없다.
◇ 노랑나비아과는 날개가 노란색으로, 나는 힘은 꽤 강하다.
◇ 배추흰나비아과는 흰색 바탕에 검은 점무늬가 있다. 대부분 십자화과 식물을 애벌레의 먹이로 삼는다.

생활사

알 세로로 가늘고 긴 방추형으로, 표면은 그물 모양이다. 처음에는 흰색, 주황색 등이나 시간이 흐르면 빛깔이 변한다. 알은 보통 하나씩 낳으나, 상제나비는 수십 개씩 한꺼번에 낳는다.

줄흰나비 알
1991. 7. 21. 한라산(제주)

애벌레 푸른색을 띠고 있어서, 먹이 식물 위에서는 잘 발견되지 않는다. 몸에 털이 많은데, 상제나비의 애벌레는 노란 무늬와 긴 털이 있고, 무리지어 생활하는 습성이 있다.

각시멧노랑나비 애벌레
1990. 5. 24. 주금산(경기)

번데기 번데기는 대용이다. 머리 끝에는 돌기 한 개가 돌출되어 있다.

대만흰나비 번데기
1998. 5. 20. 경희대(서울)

▲ 산란하는 암컷. 1990. 7. 1. 쌍용(강원)

기생나비

Leptidea amurensis

나는 힘이 약하고 여려 보여, 가련한 '기생' 이라는 이름이 썩 어울린다. 경작지 주변이나 산 입구의 풀밭을 천천히 날아다닌다. 날 때에 계속 따라 다녀도 그다지 놀라지 않는다. 갈퀴덩굴, 개망초 등의 꽃에 잘 찾아오고, 습지에 앉아 물을 먹기도 한다. 암컷은 갈퀴덩굴의 잎 뒤에 한 개씩 알을 낳아 붙인다. 날개가 크고 나는 힘이 약하여 날개가 망가진 개체를 보기 드물다.

- 크기 / 18~25 mm
- 출현기 / 봄형 4월 말~5월, 여름형 6월 말~9월 (연 3회)
- 서식지 / 낙엽 활엽수림 가장자리의 풀밭
- 암수 구별 / 수컷의 앞날개 끝에 검은 무늬가 암컷보다 짙다.
- 계절형 / 봄형은 작고, 날개 끝의 검은색이 옅어진다.
- 먹이 식물 / 콩과 갈퀴나물, 등갈퀴나물
- 월동태 / 번데기
- 분포 / 부속 섬을 뺀 남한 각지

▲ 축축한 땅에 날아와 물을 먹는 북방기생나비 수컷. 2002. 4. 21. 단양군 유암리(충북)

북방기생나비 *Leptidea morsei*

강원도와 경기 북부 한랭지의 풀밭이나 산지의 경작지 주변에 산다. 날아다닐 때에는 기생나비와 차이가 없다. 앉을 때 보면 앞날개 가장자리가 기생나비는 가늘고 뾰족하나 북방기생나비는 둥글어 작은 차이가 난다.

▲ 가시엉겅퀴꽃에서 꿀을 빨아먹기. 1990. 8. 3. 천왕사(제주)

남방노랑나비

Eurema hecabe

남부 지방과 제주도의 양지바른 숲 가장자리에 살며, 풀밭 위를 바쁘게 날아다닌다. 엉겅퀴 등의 꽃에 잘 날아오며, 습지에 무리지어 내려앉는 일이 많다. 이 때 인기척에 놀라면 한 마리씩 자리를 뜬다. 여름에 나온 개체는 수명이 2주 정도 되나, 가을에 나온 개체는 월동을 하므로 4개월 가량 오래 산다. 여름철에는 남부 지방에서 이동한 개체들이 중부 지방에서도 눈에 띄는 일이 있다. 암컷은 먹이 식물 주위를 낮게 날면서 잎 위에 알을 한 개씩 낳는다.

- 크기 / 18~25 mm
- 출현기 / 봄형 5월 중순~6월, 여름형 7~11월 (연 3~4회)
- 서식지 / 상록 활엽수림 가장자리의 풀밭
- 암수 구별 / 암컷의 날개 빛깔이 조금 옅다.
- 계절형 / 여름형과 가을형이 있는데, 무늬의 변화가 많다.
- 먹이 식물 / 콩과 비수리, 괭이싸리, 고삼, 붉은토끼풀
- 월동태 / 엄지벌레
- 분포 / 제주도와 울릉도, 남부 지방

▲ 토끼풀 위에서 휴식. 1990. 9. 5. 조령 1 관문(충북)

▶ 잎 위에서 휴식 중인 가을형. 1993. 10. 2. 지리산(경남)

극남노랑나비

Eurema laeta

남방노랑나비와 비슷하게 생겼으나, 이 종 쪽이 날개 외연의 검은색 무늬의 너비가 일정하다. 남방노랑나비와 거의 같은 서식 환경에서 살아가지만 풀밭을 좀더 좋아하는 경향이 있다. 엉겅퀴와 민들레 등의 꽃에 잘 날아오며, 습지에 무리지어 내려앉는 일도 많다. 간혹 도심에도 날아다닌다. 암컷은 먹이 식물 잎 위에 알을 한 개씩 낳는다. 가을형 개체들은 앞날개 끝이 뾰족하고, 날개 아랫면에 두 개의 검은 줄이 뚜렷하다. 제주도에서 2월달에 월동 중인 개체를 발견한 적이 있다.

- 크기 / 18~24 mm
- 출현기 / 봄형 5월 중순~6월, 여름형 7~11월 (연 3~4회)
- 서식지 / 상록 활엽수림 가장자리의 풀밭
- 암수 구별 / 암컷의 날개 빛깔이 조금 옅다.
- 계절형 / 여름형과 가을형이 있는데 무늬의 변화가 많다.
- 먹이 식물 / 콩과 차풀, 비수리, 자귀나무
- 월동태 / 엄지벌레
- 분포 / 제주도와 남부 지방

▲ 늦여름에서 가을에는 꽃에 잘 날아옴. 2001. 8. 17. 삼방산(강원)

멧노랑나비

Gonepteryx rhamni

날개를 접고 앉으면 연둣빛으로, 꼭 나뭇잎 같다. 8월 이후로부터 초가을까지 활동하다가 엄지벌레로 월동한다. 이듬해 5월경에 다시 활동을 하는데, 이 때 암컷은 산란을 한다. 애벌레는 녹색을 띠어 잘 발견되지 않는다. 개망초, 엉겅퀴 등의 꽃에 잘 모이며, 간혹 습지에도 내려앉는다. 강원도 산지의 숲 사이 풀밭에 살며, 각시멧노랑나비와 섞여 사는 곳도 있다. 특히 강원도 비무장 지대에서는 어렵지 않게 볼 수 있다.

- 크기 / 29~32 mm
- 출현기 / 6월 말~10월 (연 1회)
- 서식지 / 낙엽 활엽수림 숲 가장자리
- 암수 구별 / 수컷의 앞날개는 노란색, 암컷은 연두색이다.
- 계절형 / 없다.
- 먹이 식물 / 갈매나무과 갈매나무
- 월동태 / 엄지벌레
- 분포 / 해안에서 떨어진 내륙 산지

▲ 나뭇잎 위에서 휴식하는 수컷. 2002. 6. 16. 주금산(경기)

각시멧노랑나비

Gonepteryx aspasia

- 크기 / 28~31 mm
- 출현기 / 6월 말~8월 (연 1회)
- 서식지 / 낙엽 활엽수림 숲 가장자리
- 암수 구별 / 수컷의 앞날개는 노란색, 암컷은 연두색이다.
- 계절형 / 없다.
- 먹이 식물 / 갈매나무과 갈매나무, 털갈매나무
- 월동태 / 엄지벌레
- 분포 / 남한 각지 (부속 섬 제외)

나뭇잎처럼 우아한 날개의 빛깔이 눈길을 끈다. 월동은 엄지벌레로 낙엽 사이에서 하는데, 날개 아랫면이 엷은 갈색으로 변하고, 군데군데 갈색 점무늬가 생긴다. 엄지벌레로 8~9개월이나 산다. 산지 계곡의 풀밭에 살며, 개망초와 엉겅퀴의 꽃은 물론 습지에 떼지어 모여든다. 암컷은 갈매나무의 새싹에 알을 한 개씩 낳는다. 여름에는 나뭇잎 위에 앉아 있는 일이 많으나 늦여름에는 꽃에 잘 날아든다.

▲ 꽃에 꿀을 빨아먹는 일이 많다. 2001. 6. 3. 금강 유원지(충북)

노랑나비

Colias erate

토끼풀이 많은 양지바른 풀밭에 가면 쉽게 볼 수 있는 나비로, 날개에 노란색과 검은색이 잘 조화되어 있다. 한 여름철에는 해안 지역부터 1000 m 이상의 산지 풀밭에서까지 볼 수 있다. 이른 봄과 가을에 출현하는 개체는 뒷날개에 검은 비늘가루가 발달한다. 암컷은 흰색형과 노란색형이 있는데, 수컷은 흰색형 암컷을 더 선호하는 것으로 알려져 있다. 흰나비 무리 중에서 날아가는 모습이 힘차고, 직선적이다.

- 크기 / 22~30 mm
- 출현기 / 3월 말~10월 (연 3~4회)
- 서식지 / 양지바른 풀밭
- 암수 구별 / 암컷은 흰색형과 노란색형이 있다.
- 계절형 / 봄형은 작고, 뒷날개 윗면이 검다.
- 먹이 식물 / 콩과, 토끼풀, 자운영, 고삼, 아까시나무, 벌노랑이
- 월동태 / 번데기
- 분포 / 남한 각지

▲ 수컷의 날개 끝은 오렌지색이다. 2001. 5. 5. 명지산(경기)

▶ 암컷의 날개 끝은 흰색이다. 2002. 4. 28. 화야산(경기)

갈구리나비

Anthocharis scolymus

- 크기 / 20~25 mm
- 출현기 / 4~6월 초 (연 1회)
- 서식지 / 낙엽 활엽수림
- 암수 구별 / 수컷 앞날개 끝에 오렌지색 무늬가 있다.
- 계절형 / 없다.
- 먹이 식물 / 십자화과 장대나물, 는쟁이냉이
- 월동태 / 번데기
- 분포 / 남한 각지

날개 끝이 갈고리 모양으로 생겨 이 이름이 붙여졌다. 수컷은 날개 끝이 오렌지색으로 생겨서 매우 인상적이다. 이른 봄 숲 가장자리의 넓은 빈터나 길을 수컷은 일정한 높이로 계속 왔다갔다하는 습성이 있다. 꽃에 오더라도 오래 머물지 않는다. 앞날개 아랫면 날개 끝과 뒷날개 아랫면은 녹색의 무늬가 예쁘게 치장되어 있다.

▲ 고들빼기꽃에 날아온 봄형 암컷. 2002. 5. 12. 가리왕산(강원)

배추흰나비

Pieris rapae

애벌레는 배추벌레라 불리며, 농부들에게 환영을 받지 못하는 나비이다. 우리 나라 어디든 흔하며, 마을 주변 경작지에 산다. 흰색, 노란색, 푸른색의 꽃에 잘 날아오고, 습지에도 잘 내려앉는다. 요사이는 이 나비가 초등학생들의 관찰 대상이 되어 많이 찾는다. 나비 축제와 같은 행사장에도 단골 손님으로 날리는 대상이 주로 이 나비이다.

- 크기 / 21~28 mm
- 출현기 / 4~10월 (연 4~5회)
- 서식지 / 마을 주변 경작지
- 암수 구별 / 앞날개 앞면이 암컷 쪽이 어둡다.
- 계절형 / 봄형이 작고, 날개의 빛깔이 검은 편이다.
- 먹이 식물 / 각종 십자화과 식물
- 월동태 / 번데기
- 분포 / 남한 각지

▲ 배추흰나비는 밭 주변에 많다. 2002. 5. 25. 안덕계곡(제주)

▲ 짝짓기. 1995. 5. 3. 쌍용(강원)

▲ 엉겅퀴꽃에 날아와 꿀을 빨아먹는다. 2002. 6. 16. 주금산(경기)

대만흰나비

Pieris canidia

마을 주변이나 낮은 산의 숲 가장자리에 산다. 경작지 주변에 많지 않으므로 배추흰나비처럼 배추, 무에 큰 피해를 주지 않는다. 암수 모두 냉이, 개갓냉이, 개망초, 엉겅퀴, 조이풀 등의 꽃을 찾아 꿀을 빨고, 수컷들은 축축한 습지에 모이는 일이 많다. 대만흰나비라고 해서 꼭 타이완에만 분포하는 것은 아니다. 남한에서는 제주도에 분포하지 않으나 울릉도에 분포한다. 울릉도 개체는 작고, 날개가 노란색을 띤다.

- 크기 / 20~26 mm
- 출현기 / 4~10월 (연 4~5회)
- 서식지 / 낮은 산지, 마을 주변
- 암수 구별 / 앞날개 앞면이 암컷 쪽이 어둡다.
- 계절형 / 봄형이 작고, 날개의 검은색 점이 작다.
- 먹이 식물 / 각종 십자화과 식물
- 월동태 / 번데기
- 분포 / 남한 각지 (제주도 제외)

▲ 개망초꽃에서 꿀을 빨아먹는다. 2002. 6. 9. 주금산(경기)

- 크기 / 24~35 mm
- 출현기 / 4~10월 (연 3~4회)
- 서식지 / 낮은 산지의 숲 가장자리
- 암수 구별 / 앞날개 앞면이 암컷 쪽이 어둡다.
- 계절형 / 봄형이 작고, 날개의 줄무늬가 뚜렷하다.
- 먹이 식물 / 각종 십자화과 식물
- 월동태 / 번데기
- 분포 / 남한 각지

큰줄흰나비

Pieris melete

낮은 산지의 약간 습하고 어두운 숲 가장자리에 많다. 뒷날개에 흑갈색 줄무늬가 방사상으로 나 있다. 엉겅퀴, 개망초, 큰까치수영, 미나리냉이 등의 꽃에 잘 날아들며, 습지에서 떼를 지어 물을 먹는 일이 흔하다. 보통 숲 가운데 밝은 장소에서 활발하게 날아다닌다. 날개를 만지면 향기로운 냄새가 난다. 암컷은 먹이 식물의 꽃이나 잎에 알을 하나씩 낳는다. 우리 나라 산지에 아주 흔한 종이다.

▲ 안개가 가득한 한라산 중턱에서 짝짓기. 1996. 7. 22. 한라산(제주)

줄흰나비

Pieris napi

큰줄흰나비와 아주 비슷하여 구별하기 어려우나, 앞날개의 중실에 검은 무늬가 없으면 이 종, 있으면 큰줄흰나비이다. 강원도 산지에 많고, 한라산의 700 m 이상 건조한 풀밭을 중심으로 산다. 수컷은 물가에 떼를 지어 모이는 수가 많다. 이 나비를 처음 대해 익숙하지 않은 사람은 흰줄나비라 부르는 경향이 있다. 먹이 식물인 십자화과 식물이 산지에 적은 관계로 이 나비 쪽의 먹이 식물의 종류가 적다.

- 크기 / 18~30 mm
- 출현기 / 4월 말~9월 초 (연 3회)
- 서식지 / 높은 산지의 탁 트인 장소
- 암수 구별 / 앞날개 앞면이 암컷 쪽이 어둡다.
- 계절형 / 봄형이 작고, 날개의 줄무늬가 뚜렷하다.
- 먹이 식물 / 각종 십자화과 식물
- 월동태 / 번데기
- 분포 / 강원도 산지와 한라산 700 m 이상 지역

▲ 풀흰나비는 강가에 많다. 1992. 9. 20. 옥천(충북)

▶ 조뱅이꽃에서 꿀을 빨아먹는다. 1992. 6. 3. 옥천(충북)

풀흰나비

Pontia daplidice

- 크기 / 18~24 mm
- 출현기 / 5~10월 (연 3~4회)
- 서식지 / 강가, 하천의 제방, 풀밭
- 암수 구별 / 앞날개 앞면이 암컷 쪽이 어둡다.
- 계절형 / 봄형이 작다.
- 먹이 식물 / 십자화과 콩다닥냉이, 꽃장대
- 월동태 / 번데기
- 분포 / 강원도 산지와 부속 섬을 제외한 남한 각지

강가나 하천 주변의 풀밭에 많다. 서울의 한강 고수 부지, 탄천, 난지도에서도 간혹 관찰된다. 날씨가 맑으면 종일 활발하게 날아다닌다. 먹이 식물인 다닥냉이 주변에 가면 암컷을 볼 수 있다. 애벌레는 녹색 바탕에 푸른색의 점무늬가 있어, 다른 흰나비과 애벌레와 차이가 크다. 가끔 강이 범람하면 먹이 식물이 휩쓸려 가 전혀 보이지 않는 경우도 있다.

부전나비과 Lycaenidae

우리 나라에 바둑돌부전나비아과와 녹색부전나비아과, 주홍부전나비아과, 부전나비아과가 있다.

바둑돌부전나비 참나무부전나비 긴꼬리부전나비

시가도귤빛부전나비 남방녹색부전나비 금강산녹색부전나비

큰주홍부전나비 큰녹색부전나비 은날개녹색부전나비

산꼬마부전나비 암붉은점녹색부전나비 산녹색부전나비

◇ 바둑돌부전나비아과에는 바둑돌부전나비 1종만 알려져 있다.

◇ 녹색부전나비아과는 삼림을 중심으로 살며, 암수의 날개의 빛깔이 다른 경우가 많다.

물결부전나비

고운점박이푸른부전나비

◇ 주홍부전나비아과는 날개가 주홍빛을 띤다. 남한에는 큰주홍부전나비와 작은주홍부전나비 두 종이 있다.
◇ 부전나비아과는 날개가 푸른색 계통이 많다. 주로 풀밭을 무대로 살지만 푸른부전나비처럼 산지에 진출한 종류도 있다.

생활사

알 높이가 넓이에 비해 낮은 찐빵형으로, 표면은 돌기가 나 있다. 알은 흰색과 갈색, 붉은색을 띤다. 보통 하나씩 낳으나 선녀부전나비는 수 개씩 낳는다.

암고운부전나비 알
1991. 4. 14. 방태산(강원)

애벌레 머리가 작고 몸은 짚신 모양이다. 몸에서 꿀을 내어 개미를 끌어들이기도 하고, 개미와 공생 관계에 있는 것도 있다. 바둑돌부전나비는 진딧물을 먹고 산다. 이런 특징은 다른 과에서는 볼 수 없다.

북방쇳빛부전나비 애벌레
1991. 6. 2. 명지산(경기)

번데기 번데기는 대용이다. 대개 오뚝이 모양이다. 보통 나무에서 번데기가 되면 녹색, 낙엽 밑에서 되면 갈색 또는 흑갈색이다.

회령푸른부전나비 번데기
1994. 4. 27. 쌍용(강원)

▲ 조릿대 잎 위에서 휴식. 1993. 7. 19. 두륜산(전남)

바둑돌부전나비

Taraka hamada

이대나 신이대가 자라고 빛이 덜 드는 음지 쪽에서 희끗희끗 날아다닌다. 날개는 흰 바탕에 검은 점무늬가 박혀 있어 이를 바둑무늬로 본 것 같다. 보통 이동성이 약하므로 서식지 주변에서만 보인다. 엄지벌레는 잎 뒷면에 붙어 있는 일본납작진딧물에서 나오는 단물을 빨아먹고 산다. 애벌레는 이 진딧물을 잡아먹는 육식성 나비이다. 애벌레로 월동하며 진딧물이 있는 장소에서 실을 내어 텐트 모양으로 막을 싸고 겨울을 난다.

- 크기 / 12~15 mm
- 출현기 / 5월 중순~10월 (연 3~4회)
- 서식지 / 일본납작진딧물이 있는 이대, 신이대, 조릿대 숲
- 암수 구별 / 암컷 쪽이 크고, 날개의 외연이 둥글다.
- 계절형 / 없다.
- 먹이 식물 / 육식성으로 일본납작진딧물을 먹고 산다.
- 월동태 / 애벌레
- 분포 / 한반도 내륙의 해안가와 제주도, 울릉도

▲ 날개를 펴고 일광욕을 하는 암컷. 2000. 8. 21. 선흘(제주)

▲ 날개를 접고 휴식하는 모습. 2000. 8. 21. 선흘(제주)

남방남색부전나비 *Narathura japonica*

제주도 함덕의 상록수림에 국지적으로 분포한다. 이 곳에 먹이 식물인 종가시나무가 숲을 이룬다. 겨울은 엄지벌레로 나며, 다음 해 봄에 잘 발견되지 않는 것으로 보아 겨울 동안 거의 죽는 것으로 보인다.

▲ 나무 사이에 앉아 있는 일이 많다. 2002. 6. 9. 주금산(경기)

선녀부전나비

Artopoetes pryeri

초여름에 가장 먼저 나타나는 녹색부전나비류이다. 언뜻 보면 푸른부전나비의 암컷과 비슷하게 생겼다. 잡목림의 가장자리에 많으며, 해질 무렵 수컷은 활발하게 날아다닌다. 한 번 지나간 자리를 순회하듯이 날아갔다가 되돌아온다. 암컷은 주로 서식지 주변 나뭇잎에 앉아 있는 경우가 많고, 쥐똥나무의 가지 사이에 한 번에 1~6개의 알을 낳는다. 계곡의 숲 속에 앉아 있는 일이 많아 '선녀' 라는 고상한 이름이 생겼다.

- 크기 / 17~24 mm
- 출현기 / 6~7월 (연 1회)
- 서식지 / 잡목림 가장자리
- 암수 구별 / 암컷 날개 윗면의 빛깔이 밝다.
- 계절형 / 없다.
- 먹이 식물 / 물푸레나무과 쥐똥나무, 개회나무
- 월동태 / 알
- 분포 / 경기도와 강원도, 경남 지리산

▲ 이슬이 맺힌 아침 일찍은 활동을 안 한다. 1994. 6. 17. 주금산(경기)

붉은띠귤빛부전나비

Coreana raphaelis

- 크기 / 18~22 mm
- 출현기 / 6월 중순~7월 (연 1회)
- 서식지 / 잡목림의 계곡
- 암수 구별 / 암컷은 크고, 날개 외연이 둥글다.
- 계절형 / 없다.
- 먹이 식물 / 물푸레나무과 물푸레나무, 쇠물푸레나무
- 월동태 / 알
- 분포 / 지리산 이북

마을 주변 잡목림 숲 가장자리나 계곡에 살며, 개체 수는 많지 않다. 금강산귤빛부전나비와 닮았으나 뒷날개에 꼬리 모양의 돌기가 없다. 수컷은 오후에 천천히 날아다니며, 활동이 그다지 활발하지 않다. 암컷은 먹이 식물인 물푸레나무 줄기에 5~10개의 알을 낳아 붙인다. 꽃이나 습지에 오는 일은 매우 드물다. 알이나 애벌레는 금강산귤빛부전나비에 견주어 발견하기 어렵다.

▲ 막 우화하여 풀잎 위에서 휴식. 2001. 6. 6. 북한산(서울)

금강산귤빛부전나비

Ussuriana michaelis

마을 주변 숲이나 산지의 계곡에 흔한 나비이다. 금강산에서 처음 발견된 나비이다. 해질 무렵 수컷들은 나무 위를 활발하게 날아다니고, 그 밖의 시간에는 나뭇잎 위에서 쉰다. 잎 위의 이슬은 먹으나 꽃에 오는 일은 드물다. 보통 한낮에는 짧은 거리를 날아 이동하는 일이 있다. 알 낳는 습성은 붉은띠귤빛부전나비와 흡사한데, 대개 이 종의 알과 애벌레가 많이 발견된다.

- 크기 / 17~24 mm
- 출현기 / 6월 중순~8월 초 (연 1회)
- 서식지 / 잡목림의 계곡
- 암수 구별 / 암컷은 크고, 날개의 주황색 무늬가 넓다.
- 계절형 / 없다.
- 먹이 식물 / 물푸레나무과 물푸레나무, 쇠물푸레나무
- 월동태 / 알
- 분포 / 지리산 이북

▲ 나뭇잎 위에서 휴식. 2001. 6. 3. 주금산(경기)

▶ 가을에 암컷이 산란하러 다닌다. 1996. 10. 12. 해산(강원)

- 크기 / 20~25 mm
- 출현기 / 6월 중순~10월 중순 (연 1회)
- 서식지 / 마을 주변
- 암수 구별 / 수컷은 날개 앞면이 검고, 암컷은 앞날개에 주황색 무늬가 있다.
- 계절형 / 없다.
- 먹이 식물 / 장미과 복숭아나무, 매화나무, 앵두나무, 옥매화나무 등
- 월동태 / 알
- 분포 / 전남 광주 이북

암고운부전나비

Thecla betulae

마을 주변 복숭아나무나 매화나무, 앵두나무가 있는 장소에서 산다. 수컷은 서식지에서 벗어난 야산의 산꼭대기에서 점유 행동을 한다. 암컷은 발생 시기에 꽃에서 흡밀 활동을 조금 하다가 하면에 들어가는 것으로 보인다. 가을에 다시 활동하며, 이 때 먹이 식물의 새 가지 사이에 하나씩 알을 낳는다. 이 나비의 알은 나뭇잎이 없는 겨울에 채집하면 쉽다. 암컷이 수컷보다 예쁘다.

▲ 낮에는 풀잎 위에서 쉬고 해질 무렵에는 활발하게 난다. 2002. 6. 16. 주금산(경기)

귤빛부전나비

Japonica lutea

날개의 빛깔이 귤빛을 띠고 있다. 주로 잡목림의 숲 주변에 많다. 수컷은 해가 떨어질 때 활발하게 날아다닌다. 오후에 밤나무꽃에서 꿀을 빨아먹기도 하나 아침 일찍 이슬을 먹는 일이 흔하다. 아침에는 낮은 풀 위에 앉아 있는 일이 많으며, 힘없이 날아다닌다. 암컷은 졸참나무의 눈 아래에 알을 낳는데, 자신의 배의 털로 덮는 습성이 있다. 제주도에도 분포하지만 발견하기 어렵다.

- 크기 / 16~22 mm
- 출현기 / 5월 말~7월 (연 1회)
- 서식지 / 잡목림 숲 주변
- 암수 구별 / 암컷이 크고, 날개의 외연이 둥글다.
- 계절형 / 없다.
- 먹이 식물 / 참나무과 졸참나무, 상수리나무
- 월동태 / 알
- 분포 / 남한 각지 (울릉도 제외)

▲ 귤빛부전나비와 습성이 비슷하나 생김새는 다르다. 1994. 6. 17. 주금산(경기)

- 크기 / 16~22 mm
- 출현기 / 6~7월 (연 1회)
- 서식지 / 잡목림 숲 주변
- 암수 구별 / 암컷 쪽의 앞날개 외연의 검은색 띠의 너비가 넓다.
- 계절형 / 없다.
- 먹이 식물 / 참나무과 졸참나무, 상수리나무
- 월동태 / 알
- 분포 / 강원도, 경기도, 충청도 일부 지역

시가도귤빛부전나비

Japonica saepestriata

앞날개 윗면은 귤빛을 띠나 날개 아랫면은 검은 점들이 마치 잘 배열된 시가지를 연상시킨다. 낙엽 활엽수림 주변에 많으며, 귤빛부전나비와 같은 장소에서 사는데, 훨씬 수가 적다. 밤나무꽃에 날아와 꿀을 빨아먹긴 하나 흔한 일은 아니다. 수컷은 해질 무렵 활발히 날아다닌다. 알을 낳는 습성은 귤빛부전나비와 같다. 요사이 개체 수가 줄어들어 발견하기 어려워지고 있다.

▲ 땅바닥에서 날개를 펴고 일광욕을 하는 참나무부전나비 암컷. 1996. 7. 6. 해산(강원)

참나무부전나비 *Wagimo signatus*

경기도나 강원도의 혼효림에 산다. 맑은 날 수컷은 나무 끝에서 점유행동을 하는 일은 있으나 다른 녹색부전나비류보다 약하다.

▲ 깊은산부전나비는 강원도의 사시나무가 많은 곳에 산다. 1999. 7. 4. 해산(강원)

깊은산부전나비 *Protantigius superanus*

강원도 산지의 잡목림 주변에서 간간이 관찰되고 있으나, 희귀한 나비로 알려져 있다. 환경부 지정 보호 대상 종이다.

▲ 풀잎에 앉아 휴식을 취하고 있다. 1998. 6. 6. 주금산(경기)

▶ 가끔 높은 잎 위에도 날아 올라간다. 1994. 6. 12. 소요산(경기)

- 크기 / 15~21 mm
- 출현기 / 6~8월 (연 1회)
- 서식지 / 참나무 숲 주변
- 암수 구별 / 암컷 쪽의 날개의 너비가 넓다.
- 계절형 / 없다.
- 먹이 식물 / 참나무과 신갈나무, 상수리나무 등
- 월동태 / 알
- 분포 / 전남 광주 이북

담색긴꼬리부전나비

Antigius butleri

참나무 숲 주위에 살며, 날개 윗면은 검으나 아랫면은 흰색 바탕에 검은 점무늬가 발달한다. 항각부에 붉은 무늬가 보이며, 꼬리 모양 돌기가 꽤 길다. 오전에는 대부분 나뭇잎 위에 앉아 쉬는 일이 많은데, 해질 무렵이 되면 참나무 끝에서 힘없이 날아다닌다. 부속섬을 제외한 전국에 분포하며, 주로 강원도와 경기도에 흔하다.

▲ 날개 아랫면이 희어서 물에 반사된 듯하다. 2001. 6. 3. 금강 유원지(충북)

물빛긴꼬리부전나비

Antigius attilia

날아다닐 때 날개 아랫면이 반사하여 물빛처럼 빛나 보인다. 특히, 뒷날개 중앙에 띠가 하나로 담색긴꼬리부전나비와 다르다. 대부분 참나무 잎 위에 앉아 쉬는데, 놀라도 그다지 멀리 날아가지 않는다. 오전 중에는 낮은 위치로 내려오는데, 온도가 올라가는 오후가 되면 다시 높은 곳으로 올라가 활동한다. 제주도에도 분포하는데 한라산 600~700 m 부근의 중산간 지대에 산다.

- 크기 / 12~17 mm
- 출현기 / 6~8월 (연 1회)
- 서식지 / 참나무 숲 주변
- 암수 구별 / 암컷 쪽의 날개의 너비가 넓다.
- 계절형 / 없다.
- 먹이 식물 / 참나무과 졸참나무, 상수리나무
- 월동태 / 알
- 분포 / 남한 각지 (울릉도 제외)

▲ 붉가시나무 잎 위에서 날개를 펼친 수컷. 1994. 7. 17. 두륜산(전남)

▲ 암컷은 낮은 위치로 자주 내려온다. 1996. 7. 16. 두륜산(전남)

남방녹색부전나비 *Thermozephyrus ataxus*

높이 20~30 m 정도의 붉가시나무가 자생하고 있는 해남 두륜산과 대둔산이 우리 나라의 유일한 서식지이다.

▲ 오전 중 수컷은 참나무 잎 위에서 점유 행동을 한다. 2000. 7. 7. 해산(강원)

암붉은점녹색부전나비

Chrysozephyrus smaragdinus

암컷의 앞날개가 흑갈색 바탕에 붉은 무늬가 들어 있는 것 때문에 이런 이름이 붙었다. 대부분의 녹색부전나비 애벌레는 참나무를 먹고 사나, 이 종은 벚나무를 먹는다. 오전 9시 이후 12시까지 계곡의 넓은 빈터에서 점유 행동을 하는 경우가 많다. 다른 수컷이 다가오면 어지럽게 돌면서 난다. 이 때 채집하기 쉽다. 이런 수컷의 점유 행동은 암컷과 짝짓기를 하기 위해 일정한 공간을 확보하는 행동이다.

- 크기 / 18~23 mm
- 출현기 / 6월 중순~8월 (연 1회)
- 서식지 / 잡목림 계곡 주변
- 암수 구별 / 앞날개가 수컷은 금록색이나 암컷은 흑갈색이다.
- 계절형 / 없다.
- 먹이 식물 / 장미과 벚나무, 귀룽나무
- 월동태 / 알
- 분포 / 남한 각지 (부속 섬 제외)

▲ 칡 잎 위에서 오전 일찍 날개를 펼친 북방녹색부전나비 수컷. 2000. 6. 20. 호명산(경기)

▲ 축축한 땅 위에서 물을 마시는 북방녹색부전나비. 1994. 6. 17. 주금산(경기)

북방녹색부전나비 *Chrysozephyrus brillantinus*

참나무가 빽빽한 어두운 수림 속 넓게 트인 공간의 높은 나무 끝에서 이 나비의 수컷이 점유 행동을 하는 것을 볼 수 있다.

▲ 날개를 펼치고 앉아 있는 수컷. 2001. 6. 3. 금강 유원지(충북)

은날개녹색부전나비

Favonius saphirinus

날개의 외연이 둥글고, 날개 아랫면의 빛깔이 거의 희게 보이며, 뒷날개의 꼬리 모양 돌기는 이 무리 중 가장 짧다. 수컷은 오후 4시경 이후 나뭇잎 위에서 점유 행동을 하나 다른 수컷을 쫓는 일이 드물다. 그 대신 암컷을 찾아 나무 꼭대기를 휙 도는 모습을 보인다. 가끔 밤나무꽃에 날아와 꿀을 빨아먹기도 한다. 암컷은 수컷과 달리 날개 윗면이 흑갈색이어서 햇빛이 강해지면 숲그늘에 숨는다.

- 크기 / 15~18 mm
- 출현기 / 6~7월 (연 1회)
- 서식지 / 참나무 숲 주변
- 암수 구별 / 앞날개가 수컷은 청람색, 암컷은 흑갈색
- 계절형 / 없다.
- 먹이 식물 / 참나무과 갈참나무, 떡갈나무
- 월동태 / 알
- 분포 / 지리산 이북

▲ 검정녹색부전나비는 날이 뜨거우면 땅바닥에서 물을 마신다. 1994. 8. 20. 천마산(경기)

- 크기 / 16~20 mm
- 출현기 / 6~7월 (연 1회)
- 서식지 / 굴참나무 숲 주변
- 암수 구별 / 앞날개가 수컷 쪽에서 광택이 난다.
- 계절형 / 없다.
- 먹이 식물 / 참나무과 굴참나무, 상수리나무
- 월동태 / 알
- 분포 / 경기도, 충청 남도, 강원도 일부 지역

검정녹색부전나비

Favonius yuasai

녹색부전나비 무리 중 수컷의 날개가 녹색의 금속 광택을 띠지 않는 유일한 종으로, 매우 드문 나비이다. 경기도와 충청 남도의 낮은 산지의 굴참나무 숲에 산다. 수컷은 해질 무렵 약하게 점유 행동을 한다. 한 낮에는 활동하지 않는데 날개색이 검기 때문에 생긴 행동으로 풀이된다.

▲ 한 자리를 고수하는 수컷. 1995. 6. 27. 검단산(경기)

큰녹색부전나비

Favonius orientalis

녹색부전나비류 중 가장 크며, 낮은 산지의 참나무 숲에 많다. 수컷은 오전에 산꼭대기나 능선과 같은 곳의 어떤 한 자리를 고수하여 점유 행동을 하는데, 다른 곳으로 쉽게 이동하지 않는다. 꽃에 오는 일은 거의 없고, 아침에 잎에 있는 이슬을 먹는 일이 많다. 가끔 어두운 계곡의 물가에 날아와 물을 먹는 예는 있다. 우리 나라 각지에 분포하는데 울릉도와 제주도에도 서식한다. 제주도는 한라산 700~1100 m 구간에 있다.

- 크기 / 19~22 mm
- 출현기 / 6월 중순~8월
- 서식지 / 참나무 숲 주변
- 암수 구별 / 앞날개가 수컷은 청록색, 암컷은 흑갈색
- 계절형 / 없다.
- 먹이 식물 / 참나무과 갈참나무, 신갈나무, 떡갈나무, 졸참나무 등
- 월동태 / 알
- 분포 / 남한 각지

▲ 경기도와 강원도의 산지에 많다. 1997. 7. 13. 해산(강원)

- 크기 / 18~21 mm
- 출현기 / 6월 중순~8월 (연 1회)
- 서식지 / 참나무 숲 주변
- 암수 구별 / 앞날개가 수컷은 청록색, 암컷은 흑갈색
- 계절형 / 없다.
- 먹이 식물 / 참나무과 갈참나무, 신갈나무, 떡갈나무, 졸참나무 등
- 월동태 / 알
- 분포 / 지리산 이북

깊은산녹색부전나비

Favonius korshunovii

경기도와 강원도의 산지, 소백산, 지리산까지 높은 곳은 물론 낮은 산지에서도 산다. 수컷은 오전부터 오후까지 점유 행동을 하며, 드물게 쉬땅나무꽃에 날아와 꿀을 빨아먹기도 한다. 암컷은 참나무 잎 위에 앉아 있는 시간이 많고 덜 활발하다. 암컷 중에는 앞날개에 보랏빛과 붉은 무늬를 가진 개체가 관찰되는 수도 있다. 과거에는 큰녹색부전나비와 닮아 혼동했었다.

▲ 주로 떡갈나무 숲에 많다. 1993. 6. 23. 영월(강원)

금강산녹색부전나비

Favonius ultramarinus

주로 떡갈나무가 많은 산지에 많다. 수컷은 아침 일찍, 또는 해질 무렵에 점유 행동을 한다. 보통 한 나무를 점령해서 앉아 있지 않고 자리를 이동하는 습성이 있다. 날개 아랫면의 흰 띠가 녹색부전나비류 중에서 굵은 편이다. 암컷은 떡갈나무 잎에 앉아 있다가 새 눈이 생길 자리 아래에 알을 하나씩 낳는다. 이듬해 알에서 깨어난 애벌레는 떡갈나무 눈 속에 파고 들어가 새순을 먹는다. 다 자라면 나무에서 내려와 부근 낙엽 밑에서 번데기가 된다.

- 크기 / 18~22 mm
- 출현기 / 6월 중순~8월 (연 1회)
- 서식지 / 떡갈나무가 많은 산지
- 암수 구별 / 앞날개가 수컷은 청록색, 암컷은 흑갈색
- 계절형 / 없다.
- 먹이 식물 / 참나무과 떡갈나무
- 월동태 / 알
- 분포 / 지리산 이북

▲ 암컷은 가끔 나뭇잎 위에서 발견된다. 1991. 6. 16. 주금산(경기)

넓은띠녹색부전나비

Favonius cognatus

- 크기 / 18~20 mm
- 출현기 / 6월 초~7월 (연 1회)
- 서식지 / 참나무 숲 주변
- 암수 구별 / 앞날개가 수컷은 황록색, 암컷은 흑갈색
- 계절형 / 없다.
- 먹이 식물 / 참나무과 갈참나무, 신갈나무
- 월동태 / 알
- 분포 / 전남 광주 이북

날개 아랫면의 바탕색은 회백색이고, 중앙부의 흰 띠가 굵은데, 그 가장자리로 흑갈색이 나타난다. 녹색부전나비류 중에서 흰 띠의 너비가 가장 넓다. 참나무 숲에 서식한다. 수컷은 맑으면 정오부터 활발하게 점유 행동을 보이며, 가끔 밤나무꽃에서 꿀을 빨아먹거나 습지에서 물을 먹기도 한다. 암컷은 숲 아래의 풀잎 위에서 쉬는 경우가 많다. 참나무의 가지 사이나 나무 줄기에 알을 낳는다.

▲ 날개를 펼치고 있는 수컷. 2002. 6. 6. 정개산(경기)

산녹색부전나비

Favonius taxila

우리 나라 어디든 가장 흔한 녹색부전나비이다. 사실 녹색부전나비끼리는 엇비슷해서 야외에서 구별하기가 쉽지 않다. 수컷은 아침부터 활동을 시작하는데, 10~11시경이 가장 활발하다. 오전에 숲 아래의 낮은 위치에 앉는 일이 많다. 이 때 날개를 펴고 일광욕을 하는데, 햇빛에 날개가 반사되면 금속성 녹색 광택이 매우 아름답다. 녹색부전나비류 중에서 제주도에 가장 흔하다.

- 크기 / 18~20 mm
- 출현기 / 6월 중순~8월 (연 1회)
- 서식지 / 참나무 숲 주변
- 암수 구별 / 앞날개가 수컷은 청록색, 암컷은 흑갈색
- 계절형 / 없다.
- 먹이 식물 / 참나무과 갈참나무, 신갈나무, 떡갈나무, 졸참나무 등
- 월동태 / 알
- 분포 / 남한 각지 (울릉도 제외)

▲ 길가 낮은 위치의 나뭇잎 위에서 점유 행동을 한다.
2002. 6. 9. 주금산(경기)

▶ 암컷은 날개 바탕색이 어둡다.
2002. 6. 9. 주금산(경기)

▲ 오전에는 쉬다가 오후가 되면 날쌔게 난다. 1991. 6. 2. 명지산(경기)

민꼬리까마귀부전나비

Fixsenia herzi

까마귀부전나비류는 암수 모두 날개가 검어서 생긴 이름이다. 이 종은 까마귀부전나비류 중에서 가장 먼저 발생을 하며, 특별히 뒷날개에 꼬리 모양 돌기가 없다. 국수나무와 야광나무의 꽃에 잘 모이며, 오전부터 한낮까지 나무 그늘 아래에서 한가로이 쉬는 일이 많다. 하지만 오후 3시 이후부터 해질 무렵까지 발생지 부근에서 수컷은 재빠르게 날아다니며, 점유 행동과 암컷의 탐색 활동을 펼친다.

- 크기 / 15~20 mm
- 출현기 / 5월 중순~6월 (연 1회)
- 서식지 / 잡목림 주변의 계곡
- 암수 구별 / 암컷은 날개 외연이 둥글고, 너비가 넓다.
- 계절형 / 없다.
- 먹이 식물 / 장미과 귀룽나무, 털야광나무
- 월동태 / 애벌레
- 분포 / 위도 36° 이북

▲ 까마귀부전나비는 경기도와 강원도의 산지에서 가끔 보인다. 1994. 6. 17. 주금산(경기)

까마귀부전나비 *Fixsenia w-album*

계곡을 낀 임도 주변 느릅나무가 많은 소로에 살며, 낮에는 드물게 개망초와 쉬땅나무에서 꿀을 빤다. 경기도와 강원도에 국지적으로 분포한다. 먹이 식물은 느릅나무와 벚나무로 알려져 있다.

▲ 개망초꽃에 자주 날아온다. 1990. 7. 1. 쌍용(강원)

참까마귀부전나비

Fixsenia eximia

건조한 풀밭에 살며, 느릅나무 잎 위에 앉아 있는 일이 많다. 이름에 '참' 자는 원래 '조선' 이었고, 이 글자가 들어가면 일본에 없다는 의미이다. 아침 일찍 일광욕을 할 때에는 날개 전체를 기울여 햇빛에 수직으로 하는, 재미난 습성이 있다. 개망초와 큰까치수영의 꽃에 잘 날아든다. 암컷은 먹이 식물 가지 사이나 줄기의 틈바구니에 알을 하나씩 낳는데, 한 곳에만 낳는 바람에 여러 개의 알이 몰려 있기도 한다.

- 크기 / 14~20 mm
- 출현기 / 6월 중순~8월 초 (연 1회)
- 서식지 / 나무가 무성하지 않은 참나무 숲 주변
- 암수 구별 / 수컷의 앞날개 전연에 타원형의 성표가 있다.
- 계절형 / 없다.
- 먹이 식물 / 갈매나무과 갈매나무, 참갈매나무, 털갈매나무
- 월동태 / 알
- 분포 / 남한에 국지적으로 분포

▲ 까마귀부전나비류 중에서 가장 작다. 1997. 6. 21. 강촌(강원)

꼬마까마귀부전나비

Fixsenia prunoides

- 크기 / 13~17 mm
- 출현기 / 6~7월 (연 1회)
- 서식지 / 낙엽 활엽수림
- 암수 구별 / 수컷의 앞날개 전연에 타원형의 성표가 있다.
- 계절형 / 없다.
- 먹이 식물 / 장미과 조팝나무
- 월동태 / 알
- 분포 / 경기도와 강원도

까마귀부전나비류 중에서 가장 작다. 조팝나무가 많은 산등성이나 계곡에 산다. 수컷은 능선에서 점유 행동을 하는데, 작기 때문에 발견하기가 쉽지 않다. 큰까치수영과 개망초의 꽃에 잘 모인다. 애벌레는 조팝나무의 꽃이나 열매를 잘 먹는다. 암컷은 활발하게 날지 않지만 산란할 때에는 나무를 옮겨 다니며 바쁘게 날아다니는 모습이 관찰된다.

▲ 벚나무까마귀부전나비는 벚나무가 많은 장소에 산다. 1993. 5. 28. 모곡(강원)

벚나무까마귀부전나비

Fixsenia pruni

낮은 산지의 숲 가장자리 벚나무가 많은 곳에서 산다. 개체 수가 그리 많지 않을 뿐 아니라 한낮에 활발하게 날아다니지 않아 발견하기가 어렵다. 큰까치수영꽃에 잘 날아 온다. 수컷은 약하게 점유 행동을 보이는데 계곡 주변 나무 끝에서 한다. 암컷은 벚나무의 갈라진 곳에 알을 두 개 정도 낳는다. 주로 높은 장소에서 날아다니며 활동한다.

- 크기 / 14~19 mm
- 출현기 / 6~8월 (연 1회)
- 서식지 / 낙엽 활엽수림
- 암수 구별 / 암컷의 날개 외연이 둥글고, 항각 부근에 등황색 무늬가 발달한다.
- 계절형 / 없다.
- 먹이 식물 / 장미과 벚나무, 왕벚나무
- 월동태 / 알
- 분포 / 경기도, 강원도, 충북 일부

▲ 청가시덩굴 잎 위에서 휴식을 취하고 있다. 1993. 6. 20. 쌍용(강원)

- 크기 / 15~19 mm
- 출현기 / 6월 중순~7월 중순 (연 1회)
- 서식지 / 나무가 무성하지 않은 참나무 숲 주변
- 암수 구별 / 수컷의 앞날개 윗면 전연에 타원형의 성표가 있다.
- 계절형 / 없다.
- 먹이 식물 / 갈매나무과 갈매나무
- 월동태 / 알
- 분포 / 강원도 영월, 평창 일대

북방까마귀부전나비

Fixsenia spini

남한에서는 강원도 영월과 평창 등지에 국한해서 사는 희귀종이다. 한지성 종으로 다른 까마귀부전나비들에 비해 수가 적다. 나무가 적은 구릉지의 느릅나무 위에서 발견된다. 개망초꽃에는 잘 날아드나 물가에는 날아오지 않는다. 대신 아침 이슬을 빨아먹는 광경을 볼 수 있다. 알로 겨울을 나는데, 갈매나무 줄기에서 참까마귀부전나비의 알과 함께 발견되기도 한다.

▲ 쇳빛부전나비와 비슷하나 날개 아랫면의 검은 선의 굴곡이 더 심하다. 1999. 5. 1. 쌍용(강원)

북방쇳빛부전나비

Callophrys frivaldszkyi

경기도와 강원도 산지에 국한하여 분포하며, 쇳빛부전나비보다 조금 늦게 나타난다. 일부 지역에서는 함께 분포하는 곳도 있다. 벚나무나 복숭아나무, 조팝나무 등의 꽃에 잘 모인다. 수컷들은 마른 풀잎에 앉아 점유 행동을 강하게 한다. 애벌레는 조팝나무의 열매를 먹는데, 몸의 색이 열매와 매우 흡사하다. 번데기로 월동하고 이듬해 이른 봄에 출현한다.

- 크기 / 12~16 mm
- 출현기 / 4~5월 (연 1회)
- 서식지 / 낙엽 활엽수림 주변
- 암수 구별 / 수컷의 앞날개 윗면 전연에 타원형의 성표가 있다.
- 계절형 / 없다.
- 먹이 식물 / 장미과 조팝나무
- 월동태 / 번데기
- 분포 / 강원도, 경기도 북부

▲ 마른 풀잎 위에서 심하게 점유 행동을 한다. 2001. 4. 15. 검단산(경기)

- 크기 / 11~16 mm
- 출현기 / 4~5월 (연 1회)
- 서식지 / 낙엽 활엽수림 주변
- 암수 구별 / 수컷의 앞날개 전연에 타원형의 성표가 있다.
- 계절형 / 없다.
- 먹이 식물 / 진달래과 진달래, 장미과 조팝나무
- 월동태 / 번데기
- 분포 / 남한 각지 (제주도, 울릉도 제외)

쇳빛부전나비

Callophrys ferrea

이른 봄에 모습을 나타내는 작은 나비로 아주 흔하다. 날개 아랫면의 빛깔이 쇠와 같은 느낌이 든다고 하여 붙여진 재미나는 이름이다. 북방쇳빛부전나비와 흡사하나 날개 아랫면에 흰 띠가 뚜렷하다. 햇빛을 받으면 날개를 갸우뚱 옆으로 눕히며 일광욕을 한다. 수컷은 마른 풀 위에 앉아 강하게 점유 행동을 한다. 애벌레는 5월 하순경 먹이 식물에서 내려와 주변의 낙엽 속에서 번데기가 되어 월동한다.

▲ 개망초꽃에 날아온 수컷. 1999. 6. 26. 주금산(경기)

쌍꼬리부전나비

Spindasis takanonis

뒷날개에 꼬리 모양 돌기가 두 쌍 나 있는데, 매우 가냘프게 보인다. 이 돌기로 인해 '쌍꼬리' 라는 이름이 생겼다. 대부분 서울과 경기도에 많이 분포하므로 이 지역의 개발에 따라 사라질 위험이 생겨 환경부가 지정한 보호종에 속한다. 수컷의 날개 윗면은 청보랏빛을 띠는데, 아랫면은 금색 바탕에 검은 점줄무늬가 나 있다. 부화한 후 애벌레는 개미집에 들어가 개미에게 등에서 분비되는 꿀을 주고, 자신은 개미로부터 먹이를 받아 먹는 공생을 한다. 대개 개미가 있는 고목 주위에 산다.

- 크기 / 13~17 mm
- 출현기 / 6~7월 (연 1회)
- 서식지 / 참나무 숲 주변
- 암수 구별 / 날개 윗면은 수컷이 청보랏빛, 암컷은 흑갈색
- 계절형 / 없다.
- 먹이 식물 / 개미와 공생
- 월동태 / 불명
- 분포 / 서울, 경기도와 강원도, 충청도, 전남 일부

▲ 확 트인 장소에서 점유 행동을 한다. 2002. 6. 16. 주금산(경기)

▲ 수컷의 날개를 펼치면 주홍빛이 매혹적이다. 1993. 8. 9. 전곡(경기)

큰주홍부전나비

Lycaena dispar

강원도 비무장 지대 인근과 경기도 서울 이북 지역, 서해안 섬에 서식한다. 수컷은 풀밭 위에서 재빠르게 날며 점유 행동을 한다. 이때 날개를 펴고 앉으면 주홍빛 색조가 매우 아름답다. 암수 모두 개망초와 미나리 등의 꽃에 잘 찾아온다. 애벌레로 월동하는데, 몸의 색이 약간 붉은색을 띠나 봄부터 가을까지 발견되는 애벌레는 녹색을 띤다. 애벌레는 먹이 식물의 잎 아랫면에 위치하며, 다 큰 애벌레는 잎에 구멍을 낸다.

- 크기 / 18~22 mm
- 출현기 / 5~10월 (연 3회)
- 서식지 / 경작지 주변
- 암수 구별 / 수컷은 날개 윗면이 주황색이다.
- 계절형 / 없다.
- 먹이 식물 / 마디풀과 참소리쟁이, 소리쟁이
- 월동태 / 애벌레
- 분포 / 경기도와 강원도 비무장 지대 인근 지역, 서해 섬

▲ 가을의 암컷은 벼에 핀 꽃과 같다. 1997. 10. 12. 대부도(경기)

▲ 개망초꽃에 잘 날아온다.
1996. 7. 12. 광릉(경기)

◀ 길가에서 봄부터 가을까지 볼 수 있다.
1993. 10. 1. 주금산(경기)

작은주홍부전나비

Lycaena phlaeas

우리 나라 어디든 평지의 길가에 흔하다. 수컷은 점유 행동을 하는데, 다른 장소로 이동하지 않고 주변 풀잎 위에 바로 내려앉는다. 암수 모두 개망초와 쑥부쟁이 등 여러 꽃에 잘 모이나 물가를 찾는 법은 없다. 암컷은 먹이 식물 주위를 멀리 떠나지 않는다. 알은 골프 공 모양으로 생겼는데, 먹이 식물 잎에서 발견된다. 더운 시기와 추운 시기에 발생하는 개체 사이의 날개색이 달라진다.

- 크기 / 15~19 mm
- 출현기 / 4~10월 (연 3~4회)
- 서식지 / 산길, 경작지 주변, 풀밭
- 암수 구별 / 암컷은 크고, 앞날개 외연이 둥글어 보인다.
- 계절형 / 고온기의 개체는 날개의 빛깔이 검다.
- 먹이 식물 / 마디풀과 애기수영, 소리쟁이
- 월동태 / 애벌레
- 분포 / 남한 각지 (울릉도 제외)

▲ 봄형은 날개 아랫면에 흰 부분이 나타난다. 1998. 5. 3. 단양군 유암리(충북)

▶ 여름형은 봄형에 비해 수가 적다. 1993. 7. 14. 영월(강원)

범부전나비

Rapala caerulea

- 크기 / 16~20 mm
- 출현기 / 봄형 4월 말~6월 초, 여름형 7~8월 (연 2회)
- 서식지 / 평지에서 산지
- 암수 구별 / 수컷은 뒷날개 윗면에 삼각형의 성표가 있다.
- 계절형 / 봄형의 날개 뒷면이 흰 부분이 많다.
- 먹이 식물 / 콩과 고삼, 족제비싸리, 갈매나무과 갈매나무
- 월동태 / 불명
- 분포 / 남한 각지

날개 뒷면은 진한 갈색의 띠무늬가 있어 호랑이 무늬를 연상시킨다. 나는 힘이 강하여 세차게 날다가 내려앉는다. 암수 모두 파, 개망초, 신나무 등의 꽃을 잘 찾는다. 수컷은 오후에 점유 행동을 심하게 하며, 아침 일찍 물가에서 물을 먹는 행동을 자주 한다. 봄형보다 여름형의 수가 적다. 울릉도와 제주도에는 생김새가 약간 다른 종류가 분포하는데, 이 나비를 울릉범부전나비로 부르기도 한다. 이 나비는 울릉도에는 많으나 제주도에는 매우 희귀하다.

▲ 특이하게 개미와 공생하는 나비이다.
1993. 6. 23. 영월(강원)

◀ 꽃에 올 때 살짝 날개를 편다.
2000. 7. 9. 영월(강원)

담흑부전나비

Niphanda fusca

애벌레 때 개미에게서 먹이를 받아 먹고 사는 나비로 유명하다. 수컷은 오전 중에 강하게 점유 행동을 하는 습성이 있다. 암컷은 잘 날지 않고 있다가 일본왕개미가 잘 다니는 길목에 알을 한 개씩 낳는다. 알에서 깨어 나온 애벌레는 주변의 진딧물에게서 단물을 빨아 먹다가 3령이 되면 일본왕개미에 의해 개미집으로 옮겨져 살게 된다. 이름 중에 '담흑(淡黑)'이란 의미는 날개 윗면의 색을 보고 지은 것이다.

- 크기 / 17~22 mm
- 출현기 / 6월 중순~8월 초 (연 1회)
- 서식지 / 나무가 무성하지 않은 참나무 숲 주변
- 암수 구별 / 수컷의 날개 윗면은 보랏빛 광택이 난다.
- 계절형 / 없다.
- 먹이 식물 / 진딧물과 개미와 공생
- 월동태 / 불명
- 분포 / 남한 각지 (울릉도 제외)

▲ 물결부전나비는 봄이나 여름보다 가을에 수가 많아진다. 1997. 10. 1. 영종도(경기)

물결부전나비 *Lampides boeticus*

남부와 제주도에 분포하며, 애벌레는 재배종인 편두콩을 먹는다. 과거에는 미접으로 취급했으나 필자에 의해 제주도에서는 토착종인 것으로 밝힌 적이 있다. 날개 아랫면의 무늬가 물결진다.

▲ 아침 일찍 이슬에 젖어 잘 날지 못함.
2001. 6. 23. 중문(제주)

◀ 수컷의 날개 윗면은 색의 변화가 심하다.
1999. 8. 5. 평해(경북)

남방부전나비

Pseudozizeeria maha

땅 위를 낮게 깔리듯 부지런히 날아다니는 나비이다. 가을에 발생한 수컷은 빠르게 날며 높게 나는 경우가 많다. 도심의 공원, 논밭 주변, 집 뜰에도 흔하다. 제주도에서는 연중 볼 수 있으나 경기도 지역에서는 가을에 흔하다. 괭이밥이 있으면 어디든 많은데, 괭이밥이 이 나비의 먹이 식물이기 때문이다. 애벌레는 처음에는 잎을 그물처럼 잎맥을 남기며 먹다가 크면서 잎과 열매를 모두 먹게 된다. 이 때 개미들이 애벌레 주위를 배회하는 일이 많다.

- 크기 / 10~15 mm
- 출현기 / 4~10월 (연 4~5회)
- 서식지 / 평지의 길가, 경작지 주변
- 암수 구별 / 수컷은 날개 윗면이 푸른색, 암컷은 암갈색이다.
- 계절형 / 저온기의 수컷 날개 윗면은 푸른색이 옅어진다.
- 먹이 식물 / 괭이밥과 괭이밥
- 월동태 / 애벌레
- 분포 / 남한 각지

▲ 날개를 펼치고 일광욕을 하는 수컷.
1999. 8. 5. 평해(경북)

▶ 토끼풀꽃에서 꿀을 빨아 먹고 있다.
2001. 7. 8. 신산리(제주)

- 크기 / 8~12 mm
- 출현기 / 5~10월 (연 4~5회)
- 서식지 / 바닷가 낮은 풀이 있는 곳
- 암수 구별 / 수컷은 날개 윗면이 푸른색, 암컷은 암갈색이다.
- 계절형 / 저온기의 암컷은 날개 기부에 푸른색이 감돈다.
- 먹이 식물 / 콩과 벌노랑이, 토끼풀, 매듭풀
- 월동태 / 불명
- 분포 / 제주도와 동해안, 서해안 일부

극남부전나비

Zizina otis

남방부전나비와 비슷하게 생겼으므로 구별이 쉽지 않다. 제주도와 동해안, 서해안 일부 지역에서만 사는데, 대부분 국한된 곳으로, 해안을 끼고 있다. 땅 위를 낮게 날면서 토끼풀, 매듭풀 꽃에 잘 날아온다. 수컷은 습기 있는 땅바닥에 잘 내려앉는다. 정기적으로 풀을 베어 낸 장소에 특히 많다. 앉으면 날개를 반쯤 펴는데, 수컷은 남빛이 난다. 짝짓기는 서식지 주변에서 이루어지는 경우가 많다. 암컷은 먹이 식물 잎 위에 알을 한 개씩 낳는다.

▲ 수컷은 물가에 잘 날아온다. 2002. 4. 21. 단양군 유암리(충북)

▲ 날개를 펼치고 일광욕을 하는 수컷. 1999. 5. 10. 제주대(제주)

▲ 날개를 펼친 암컷. 1993. 5. 28. 모곡(강원)

암먹부전나비

Everes argiades

암컷의 날개만이 먹빛을 띠어 붙여진, 재미나는 이름이다. 실 모양의 꼬리가 가늘어 가련해 보인다. 땅 위를 가볍게 날아다니면서 토끼풀, 싸리꽃 등 여러 꽃에서 꿀을 빤다. 물가의 축축한 곳에 잘 날아오며, 앉을 때 날개를 펼 때가 많다. 이따금 쇠똥과 같은 곳에 날아오기도 한다. 봄부터 가을까지 연중 볼 수 있다. 암컷은 먹이 식물 잎 위에 알을 한 개씩 낳는다. 애벌레는 먹이 식물의 새싹, 꽃봉우리, 열매를 먹으면서 자란다.

- 크기 / 9~15 mm
- 출현기 / 3월 말~10월 (연 3~4회)
- 서식지 / 양지바른 풀밭, 하천 둑, 길가
- 암수 구별 / 수컷은 날개 윗면이 푸른색, 암컷은 암갈색이다.
- 계절형 / 봄형의 암컷 날개에 푸른색이 도는 경우도 있다.
- 먹이 식물 / 콩과 매듭풀, 갈퀴나물, 광릉갈퀴
- 월동태 / 번데기
- 분포 / 남한 각지

▲ 짝짓기. 1992. 5. 17. 안동(경북)

▶ 날개를 펼치면 먹칠한 듯 보인다. 1994. 9. 5. 광덕산(강원)

- 크기 / 10~15 mm
- 출현기 / 4~10월 (연 3~4회)
- 서식지 / 암석이 많은 풀밭, 바닷가
- 암수 구별 / 암컷이 조금 크고, 외연이 둥글어 보인다.
- 계절형 / 없다.
- 먹이 식물 / 돌나물과 바위채송화, 땅채송화, 둥근바위솔, 돌나물
- 월동태 / 불명
- 분포 / 남한 각지 (울릉도 제외)

먹부전나비

Tongeia fischeri

암먹부전나비와 크기가 비슷하여 언뜻 구별하기 어려우나 수컷도 암컷처럼 날개가 흑갈색인 점이 다르다. 애벌레는 암석이 많은 제방이나 축대를 쌓아 놓은 곳 등에 자라는 돌나물을 먹고 산다. 나는 힘이 약한 편이지만 서식지 주변을 꽤 바쁘게 돌아다니는 습성이 있다. 암수 모두 개망초, 토끼풀, 싸리꽃에 잘 날아들며 습지에도 내려앉는다. 제주도에서는 산지에서 보기 어렵지만 바닷가 바위가 많은 곳에는 흔하다.

▲ 이른 봄 물가에 잘 날아온다. 1991. 4. 21. 화야산(경기)

산푸른부전나비

Celastrina sugitanii

경기도, 강원도의 산지에 서식하며, 지리산까지 분포한다. 1980년대에 우리 나라에 분포하는 것이 밝혀졌다. 푸른부전나비와 비슷하나 연 1회만 발생하고, 수컷 날개색이 더 짙은 것, 날개 아랫면의 검은 점 무늬가 더 뚜렷한 등의 차이가 난다. 주로 이른 봄이면 계곡 주변 축축한 곳에 잘 모인다. 암수 모두 여러 꽃에 날아와 꽃꿀을 빨아먹는 일이 많다.

- 크기 / 11~16 mm
- 출현기 / 4~5월 (연 1회)
- 서식지 / 낙엽 활엽수림
- 암수 구별 / 수컷 날개 윗면은 짙은 청람색이나 암컷은 날개 외연만 검다.
- 계절형 / 없다.
- 먹이 식물 / 운향과 황벽나무, 층층나무과 층층나무
- 월동태 / 번데기
- 분포 / 지리산 이북 백두대간

▲ 풀잎에 앉아 휴식을 취하고 있다.
1999. 6. 27. 치악산 금대리(강원)

▶ 암컷은 날개를 펼치면 날개 외연만 검다.
2002. 4. 28. 화야산(경기)

- 크기 / 12~17 mm
- 출현기 / 3월 말~10월 (연 4~5회)
- 서식지 / 풀밭, 잡목림 주변, 마을 주변
- 암수 구별 / 수컷은 날개 윗면이 밝은 남색을 띤다.
- 계절형 / 봄형은 약간 작고, 암수 모두 푸른색이 강해진다.
- 먹이 식물 / 콩과 싸리, 벌노랑이, 토끼풀, 매듭풀, 고삼
- 월동태 / 번데기
- 분포 / 남한 각지

푸른부전나비

Celastrina argiolus

이 계통의 나비 중 가장 흔하고, 넓게 분포한다. 수컷은 활발하게 날며, 나무 위까지 높이 날아다니는 경우가 많다. 여러 꽃에 잘 날아오고 습지나 새똥에도 모이는데, 무리짓는 경향이 있다. 애벌레는 주로 먹이 식물의 꽃을 먹고 자란다. 꽃의 색에 따라 몸의 빛깔도 다양하다. 도시는 물론 1000 m가 넘는 산꼭대기에서도 볼 수 있어 수직적으로 고루 분포한다. 여름에 발생하는 개체는 날개 윗면의 색이 조금 옅어진다.

▲ 지느러미엉겅퀴에서 꿀을 빨아먹고 있다. 1996. 6. 10. 영월(강원)

▲ 날개를 펼치고 일광욕을 하는 암컷. 1993. 6. 20. 영월(강원)

▲ 크게 발생하여 주변 꽃에 무리를 지어 날아온다. 1996. 6. 10. 영월(강원)

회령푸른부전나비

Celastrina oreas

푸른부전나비와 아주 흡사하다. 남한에서는 대구 비슬산에서 처음 발견된 이후 현재 강원도 영월 일대에 많이 서식하는 것이 확인되었다. 주로 낮은 산의 계곡 주변에 산다. 암수 모두 조뱅이와 엉겅퀴 등에서 꿀을 빤다. 수컷은 습지에 떼를 지어 모여들며, 암컷은 먹이 식물 줄기의 갈라진 틈 등에 알을 한 개씩 낳는데, 한 그루의 나무에 수 십~수 백개의 알이 발견되는 때가 많다.

- 크기 / 14~20 mm
- 출현기 / 5월 말~6월 (연 1회)
- 서식지 / 석회암 지대 구릉
- 암수 구별 / 수컷은 날개 윗면이 밝은 남색을 띤다.
- 계절형 / 없다.
- 먹이 식물 / 장미과 가침박달
- 월동태 / 알
- 분포 / 강원도와 경북 일부

▲ 큰홍띠점박이푸른부전나비는 최근 그 수가 감소하여 보기 어려워지고 있다. 1990. 6. 3. 쌍용(강원)

큰홍띠점박이푸른부전나비 *Shijimiaeoides divinus*

드문 나비로, 주로 경기도, 강원도, 충청도의 낮은 산지의 풀밭에 산다. 빠르게 날아다니며, 고삼과 엉겅퀴꽃에 모인다. 먹이 식물은 고삼이다. 암컷은 수컷에 견주어 날개 윗면에 검은색 점 무늬가 발달한다.

▲ 날개의 윗면은 검고 아랫면에 홍띠가 있다. 1997. 6. 6. 오대산(강원)

작은홍띠점박이푸른부전나비

Scolitantides orion

우리 나라에서 가장 긴 이름을 가진 나비로 모두 13자나 된다. 주로 민들레꽃 등에서 꿀을 빨며, 수컷은 축축한 습지에 잘 모인다. 오전 중 햇볕이 따뜻할 때에는 날개를 반쯤 편 채로 일광욕을 하는 모습을 흔하게 볼 수 있으며, 서식지를 멀리 떠나지 않는다. 암컷은 먹이 식물의 잎이나 꽃, 줄기에 알을 한 개씩 낳는다. 번데기는 먹이 식물 주변의 돌 밑이나 그 사이에서 발견된다. 울릉도에도 서식하는데 날개 윗면의 색이 옅어 남색을 띤다.

- 크기 / 10~15 mm
- 출현기 / 4월 중순~7월 (연 2회)
- 서식지 / 길가나 하천변
- 암수 구별 / 암컷이 크고, 날개 윗면이 한층 검다.
- 계절형 / 봄형은 날개 윗면의 푸른색 부위가 넓고 여름형은 검다.
- 먹이 식물 / 돌나물과 돌나물, 기린초
- 월동태 / 번데기
- 분포 / 남한 각지 (제주도 제외)

▲ 산꼬마부전나비의 수컷은 날개 윗면이 푸른색이다. 2001. 7. 25. 한라산(제주)

▲ 산꼬마부전나비는 한라산 1600 m의 건조한 풀밭에 산다. 2000. 7. 21. 한라산(제주)

산꼬마부전나비 *Plebejus argus*

남한에서는 유일하게 제주도 한라산의 메마른 풀밭에서 산다. 암수 모두 가시엉겅퀴, 꿀풀 등의 꽃에서 꿀을 빨아먹는다. 수컷은 서식지 주변을 쉼 없이 날아다니며 암컷을 찾는다.

▲ 갈퀴나물 위에서 날개를 편 수컷. 2002. 5. 6. 가평(경기)

◀ 날개 뒷면의 홍띠 안에 푸른색 무늬가 보인다. 2002. 5. 6. 가평(경기)

부전나비

Lycaeides argyrognomon

대표적인 풀밭 성향의 나비로, 강둑, 낮은 산지와 접한 풀밭이나 논둑의 콩밭에 사는 흔한 종이다. 뒷날개 아랫면의 검은 점 안에 푸른색 무늬가 나타난다. 낮게 날아다니면서 여러 꽃에서 꿀을 빨며, 수컷은 축축한 곳에 잘 모인다. 일광욕을 하기 위해, 앉을 때에는 날개를 펴는 경우가 많다. 암컷은 먹이 식물의 꽃봉오리와 줄기 아니면 주변의 풀에 한 개씩 산란한다.

- 크기 / 12~16 mm
- 출현기 / 5월 중순~10월 (연 3~4회)
- 서식지 / 길가나 하천변
- 암수 구별 / 수컷은 날개 윗면이 밝은 남색을 띤다.
- 계절형 / 없다.
- 먹이 식물 / 콩과 갈퀴나물
- 월동태 / 불명
- 분포 / 남한 각지 (울릉도 제외)

▲ 태백산의 건조한 풀밭에 산다. 1995. 6. 29. 태백산(강원)

- 크기 / 16~18 mm
- 출현기 / 6월 말~7월 (연 1회)
- 서식지 / 메마른 풀밭
- 암수 구별 / 수컷은 날개 윗면이 밝은 남색을 띤다.
- 계절형 / 없다.
- 먹이 식물 / 콩과 갈퀴나물
- 월동태 / 불명
- 분포 / 강원도 태백산과 제주도 한라산

산부전나비

Lycaeides subsolanus

강원도 태백산과 제주도 한라산 고지대의 메마른 초원에 사는데, 최근 거의 보기 힘들어졌다. 날이 맑으면 천천히 날면서 여러 꽃에서 꿀을 빤다. 억새풀 위에 앉아 일광욕을 할 경우에는 날개를 반쯤 편다. 나는 힘은 산꼬마부전나비와 부전나비에 비해 빠르고 힘차다. 현재 서식지인 태백산과 한라산에서 거의 관찰되지 않고 있어, 앞으로 계속 서식할 수 있을지 미지수이다.

▲ 8월에 강원도의 숲 가장자리에 많다. 1996. 7. 31. 오대산(강원)

큰점박이푸른부전나비

Maculinea arionides

높은 산지의 계곡과 숲 사이의 밝은 풀밭에 산다. 풀 위를 낮게 날아다니다가 각종 꽃에서 꿀을 빠는데, 습지에는 모이지 않는다. 흐린 날에도 잘 날아다닌다. 일본 자료에 따르면 4령 애벌레 때 개미집으로 운반되어 개미의 애벌레나 번데기를 먹고 자라는데, 자기 몸에서 분비되는 꿀을 개미들에게 제공하는 공생 관계에 있다. 암컷은 거북꼬리의 꽃봉오리에 알을 한 개씩 낳는다. 점박이푸른부전나비 중 가장 개체 수가 많다.

- 크기 / 20~25 mm
- 출현기 / 7월 말~9월 (연 1회)
- 서식지 / 고지대의 낙엽 활엽수림 가장자리
- 암수 구별 / 암컷의 날개 윗면의 흑갈색 무늬가 발달한다.
- 계절형 / 없다.
- 먹이 식물 / 어릴 때에는 쐐기풀과 거북꼬리이나 4령 이후 개미와 공생
- 월동태 / 불명
- 분포 / 강원도와 지리산

북방점박이푸른부전나비

Maculinea kurentzovi

강원도 일부 지역의 저산지의 풀밭에 사는데, 국지적으로 분포한다. 최근에는 꽤 보기 힘들어졌다. 이 나비의 생활사는 아직 밝혀지지 않았지만 큰점박이푸른부전나비처럼 개미와 밀접한 관계를 맺고 있으리라 추측된다.

▶ 북방점박이푸른부전나비는 최근에는 보기 어려워졌다. 1994. 8. 10. 쌍용(강원)

네발나비과 Nymphalidae

우리 나라에 뿔나비아과, 왕나비아과, 네발나비아과, 뱀눈나비아과가 알려져 있다.

뿔나비

왕나비

높은산세줄나비

눈많은그늘나비

풀표범나비

갈구리신선나비

왕줄나비

◇ 뿔나비아과에는 뿔나비 1종만 알려져 있다.
◇ 왕나비아과는 왕나비 1종이 제주도에 토착하여 사나, 여름철에는 중북부 지방까지 이동하여 진출한다.
◇ 네발나비아과에는 표범나비류, 줄나비류, 오색나비류, 신선나비류 등이 포함된 그룹이다.
◇ 뱀눈나비아과는 날개가 검은색 계통인데, 뱀눈 모양 무늬가 많다. 주로 풀밭에서 살고, 애벌레는 벼과나 사초과 식물을 먹고 산다.

생활사

알 공 모양인데, 확대해 보면 세로줄 모양으로 튀어나온 부분이 있다. 왕나비의 알은 럭비 공 모양이다. 보통 하나씩 낳으나 봄어리표범나비는 수백 개를 한꺼번에 낳는다.

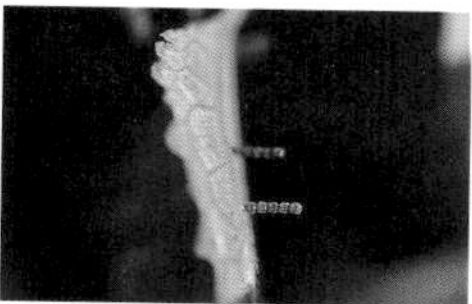
거꾸로여덟팔나비 알
1999. 8. 4. 명성산(경기)

애벌레 몸에 침 모양 돌기가 난 것, 민달팽이 모양을 한 것 등 다양한 모습이다. 머리에 한 쌍의 뿔 모양 돌기가 나타나는데, 유리창나비는 더 많은 돌기가 뻗쳐 나고, 이에 비해 뿔나비는 아무런 돌기가 없다.

뿔나비 애벌레
1994. 5. 8. 주금산(경기)

번데기 번데기는 수용이다. 보통 배 끝 부분이 나뭇가지에 붙어 머리가 아래로 향한다. 머리에 짧은 돌기가 난 것도 많다. 간혹 금속 광택이 나는 돌기를 가진 종류도 있다.

왕오색나비 번데기
1999. 6. 21. 천마산(경기)

▲ 요사이 급격히 수가 늘어나고 있다.
1994. 9. 20. 광덕산(강원)

◀ 날개를 접고 앉으면 마른 잎처럼 보인다.
2002. 4. 21. 단양군 유암리(충북)

뿔나비

Libythea celtis

아랫입술수염이 뿔처럼 삐죽이 튀어나와 있어 이 이름이 붙었다. 활엽수 지역의 계곡에 산다. 여러 꽃에 잘 모이며, 길가 습지에 떼지어 물을 먹고, 일광욕을 하는 일이 많다. 한참 무더울 때에는 여름잠을 잔다. 암컷은 봄에 먹이 식물의 가지, 어린잎에 한 개씩 산란한다. 가끔 애벌레가 크게 발생하여 먹이 식물의 잎을 앙상하게 먹어치우는 경우도 있다. 기록이 없었던 거제도와 제주도에서 최근 채집되고 있다.

- 크기 / 20~26 mm
- 출현기 / 6~10월과 월동 후 3~5월 (연 1회)
- 서식지 / 낙엽 활엽수림 가장자리
- 암수 구별 / 암컷은 날개 윗면의 붉은 무늬가 발달한다.
- 계절형 / 없다.
- 먹이 식물 / 느릅나무과 왕팽나무, 팽나무, 풍게나무
- 월동태 / 엄지벌레
- 분포 / 남한 각지 (울릉도 제외)

▲ 곰취에서 꿀을 빨아먹고 있다. 2001. 7. 27. 백록담(제주)

왕나비

Parantica sita

- 크기 / 48~60 mm
- 출현기 / 5~9월 (연 2~3회)
- 서식지 / 상록수림
- 암수 구별 / 수컷 뒷날개에 흑갈색 성표가 있다.
- 계절형 / 없다.
- 먹이 식물 / 박주가리과 박주가리, 큰조롱, 백미꽃
- 월동태 / 불명
- 분포 / 제주도

몸에 비해 날개가 커서 먼 거리를 날아가는 능력이 있다. 여름에는 강원도의 1000 m 이상의 산꼭대기에 많으나 가을에는 남쪽으로 이동하는 것 같다. 놀라면 상승 기류를 타고 수직 상승을 한다. 암수 모두 엉겅퀴나 곰취 등의 꽃에 잘 날아오나 습지에는 오지 않는다. 가슴은 검은색 바탕에 흰 점무늬가 나 있다. 이것은 몸 속에 '독이 있다' 라는 것을 천적에 알리는 것인데, 먹이 식물인 박주가리과에 독성이 있다. 제주도에서는 토착한다.

▲ 예전에는 많았으나 지금은 보기 어렵다. 1993. 5. 28. 모곡(강원)

봄어리표범나비

Mellicta britomartis

과거에는 많았으나 최근 수가 급격히 줄어들었다. 산지의 풀밭에 살며, 엉겅퀴와 큰까치수영 등의 꽃에 모여 꿀을 빤다. 수컷은 낮은 풀 사이를 활발하게 날아다니며 물가에 앉아 물을 먹는 경우가 있다. 꿀을 빨 때나 물을 먹을 때 날개를 폈다 접었다 하는 습성이 있다. 암컷은 잘 날아다니지 않는데, 한 번 날아도 서식지 주변만 맴돈다. 애벌레로 월동하는데, 아직 이 나비의 생활사 연구가 이루어지지 않고 있다.

- 크기 / 19~25 mm
- 출현기 / 5~6월 초 (연 1회)
- 서식지 / 산지의 풀밭
- 암수 구별 / 암컷이 크고 바탕색이 짙다.
- 계절형 / 없다.
- 먹이 식물 / 질경이과 질경이
- 월동태 / 애벌레
- 분포 / 강원도

▲ 여름어리표범나비는 봄어리표범나비보다 조금 늦게 출현한다. 1994. 6. 12. 소요산(경기)

- 크기 / 22~27 mm
- 출현기 / 6~7월 초 (연 1회)
- 서식지 / 산지의 풀밭
- 암수 구별 / 암컷이 크고 바탕색이 짙다.
- 계절형 / 없다.
- 먹이 식물 / 불명
- 월동태 / 불명
- 분포 / 강원도 일부 지역

여름어리표범나비

Mellicta ambigua

산지의 풀밭에 산다. 봄어리표범나비에 비해 큰 편이고, 발생 시기도 한 달 가량 늦다. 개망초, 엉겅퀴 등의 꽃이나 습지에 날아온다. 날개짓을 바쁘게 하면서 풀밭 위를 날아다닌다. 개체들 사이에 적갈색 무늬의 굵기가 다르며, 날개 아랫면의 황갈색 무늬에 변이가 많다. 생활사의 대부분이 잘 알려지지 않고 있다.

▲ 현재 강원도 산지 쪽으로 분포한다. 1995. 7. 21. 태백산(강원)

담색어리표범나비

Melitaea regama

주로 경기도와 강원도의 산지의 풀밭에 산다. 봄어리표범나비에 비해 날개 윗면이 더 검어 보이고, 뒷날개 아랫면 아외연에 검은 점 네 개가 뚜렷하여 차이가 난다. 암수 모두 여러 꽃에 잘 모여 꿀을 빤다. 수컷은 습지에 모인다. 현재 앞 두 종에 비해 개체 수가 많은 편으로 보기 어려운 종은 아니다. 우리 나라에서는 아직 이 나비의 유생기가 밝혀지지 않고 있다.

- 크기 / 18~24 mm
- 출현기 / 6~7월 (연 1회)
- 서식지 / 산지의 풀밭
- 암수 구별 / 암컷이 크고 날개 외연이 둥글다.
- 계절형 / 없다.
- 먹이 식물 / 불명
- 월동태 / 불명
- 분포 / 전국에 국지적으로 분포 (울릉도 제외)

▲ 개망초꽃에 날아온 수컷. 1995. 6. 7. 영월(강원)

▶ 암컷의 날개 윗면은 검다. 1996. 6. 10. 영월(강원)

암어리표범나비

Melitaea scotosia

- 크기 / 30~38 mm
- 출현기 / 6~7월 (연 1회)
- 서식지 / 산지의 풀밭
- 암수 구별 / 암컷이 크고 날개가 검다.
- 계절형 / 없다.
- 먹이 식물 / 국화과 산비장이, 수리취
- 월동태 / 애벌레
- 분포 / 내륙에 국지적으로 분포

낮은 산지의 풀밭이나 관목이 드문드문 나 있는 구릉에 산다. 보통 낮게 날아다니다가 엉겅퀴, 조뱅이, 큰까치수영의 꽃을 즐겨 찾아 꿀을 빤다. 맑은 날 오후, 간혹 습지에서 물을 먹는 경우가 있다. 근래에 들어 개체 수가 줄어드는 경향이나, 강원도 산간 지역에서는 아직 많은 편이다. 암컷은 100여 개의 알을 먹이 식물 잎 뒤에 한꺼번에 낳는다. 이 나비의 원래 이름은 '암컷이 검다' 라는 의미로, '암암어리표범나비' 였다.

▲ 낮은 풀 위에서 점유 행동을 하고 있는 수컷. 2001. 5. 12. 쌍용(강원)

금빛어리표범나비

Eurodryas aurinia

계곡을 낀 풀밭이나 경사진 언덕의 관목림에 산다. 강원도 쌍용 지역에서는 꽤 흔한 종이다. 서식지 주변의 엉겅퀴, 토끼풀, 덤불조팝나무 등의 꽃에서 꿀을 빠는데, 물가에 모이지 않는 것 같다. 수컷은 풀밭의 일정 공간을 점유하며, 날개를 잔뜩 기울인 상태로, 텃세를 부린다. 암컷은 식초 잎 뒷면에 150~200개의 알을 한꺼번에 낳는다. 애벌레는 거미줄 같은 실을 내어 잎을 엮은 다음 그 속에 모여 생활한다.

- 크기 / 18~24 mm
- 출현기 / 5월 중순~6월 중순 (연 1회)
- 서식지 / 산지의 풀밭
- 암수 구별 / 암컷이 크고 날개가 검다.
- 계절형 / 없다.
- 먹이 식물 / 산토끼꽃과 솔체꽃, 인동과 인동
- 월동태 / 애벌레
- 분포 / 경기도, 강원도 일부 지역

▲ 민들레꽃에서 꿀을 빨아먹고 있다. 1994. 5. 1. 전곡(경기)

- 크기 / 18~24 mm
- 출현기 / 3월 말~10월 초 (연 3회)
- 서식지 / 강, 하천변의 풀밭
- 암수 구별 / 암컷이 크고 날개의 외연이 둥글다.
- 계절형 / 없다.
- 먹이 식물 / 제비꽃과 제비꽃류
- 월동태 / 번데기
- 분포 / 남한 각지 (부속 섬 제외)

작은은점선표범나비

Clossiana perryi

강이나 하천 주위의 풀밭에 산다. 발생지 주변의 여러 꽃에 모여 꿀을 빨고, 꽃 위를 천천히 낮게 날아다닌다. 수컷은 약하게나마 점유 행동을 보인다. 대체로 봄보다는 여름에서 가을에 걸쳐 개체 수가 많아지는 경향이었으나, 요사이 강이나 하천을 정비하는 일이 많아져 수가 줄어드는 추세이다. 표범나비류 중에서 드물게 한 해에 여러 번 발생하는 종류로, 온난한 기후에 적응한 무리이다.

▲ 토끼풀꽃에서 꿀을 빨아먹고 있는 수컷. 1998. 5. 31. 해산(강원)

큰은점선표범나비

Clossiana oscarus

주로 경기도나 강원도의 600 m 이상 계곡의 풀밭에 산다. 오전 10시경 이후 온도가 올라가면 활발하게 날아다니는데, 풀잎 위나 산길에 앉아 일광욕도 가끔 한다. 수컷은 일정한 속도로 같은 장소를 왔다 갔다 하는 습성이 있으며, 간혹 물가에도 내려온다. 암수 모두 미나리아재비와 민들레꽃 등에 모여 꿀을 빤다. 작은은점선표범나비보다 훨씬 크고 날개 아랫면에 적갈색 무늬가 발달한다.

- 크기 / 24~28 mm
- 출현기 / 5월 말~6월 (연 1회)
- 서식지 / 산지의 계곡 주변 풀밭
- 암수 구별 / 암컷은 큰 편이고, 날개 외연이 둥글어 보인다.
- 계절형 / 없다.
- 먹이 식물 / 불명
- 월동태 / 불명
- 분포 / 경기도, 강원도, 경상북도, 전라 북도 일부 지역

▲ 강원도 깊은 산지에 산다. 1994. 6. 6. 오대산(강원)

산꼬마표범나비

Clossiana thore

- 크기 / 22~28 mm
- 출현기 / 5월 말~6월 (연 1회)
- 서식지 / 산지의 계곡 주변 풀밭
- 암수 구별 / 암컷의 날개 바탕색이 다소 엷고, 날개 외연이 둥글어 보인다.
- 계절형 / 없다.
- 먹이 식물 / 제비꽃과 제비꽃류
- 월동태 / 불명
- 분포 / 강원도 태백 산맥 지역

주로 태백 산맥의 낙엽 활엽수림 계곡 주변 풀밭에 살며, 엉겅퀴 등의 꽃에 잘 모여 꿀을 빤다. 수컷은 쉬지 않고 잘 날아다닌다. 어쩌다 앉아 쉴 때에도 사소한 인기척에 예민하기 때문에 다가서기가 꽤 어렵다. 이 때 자기가 확보한 공간에 다른 수컷이 날아오면 자리 다툼을 심하게 한다. 맑은 날 오전 중에는 잎 위에서 날개를 펴고 일광욕을 하는 광경이 자주 관찰된다. 암컷은 제비꽃 주변 마른 풀에 한 개씩 알을 낳는다.

▲ 꿀풀에 날아와 날개를 접고 휴식을 하고 있다.
1992. 7. 1. 계방산(강원)

◀ 산꼭대기에서 열심히 꿀을 빨아먹고 있는 수컷.
1999. 7. 4. 소백산 비로봉(경북)

작은표범나비

Brenthis ino

큰표범나비보다 높은 산지에 살며, 계곡 주변이나 목장 주위 풀밭에서 볼 수 있다. 산꼭대기에도 잘 날아다닌다. 오전 중에는 일광욕을 하거나 엉겅퀴와 쥐똥나무 등 여러 꽃에서 꿀을 빤다. 큰표범나비에 비해 작고, 날개의 외연이 둥글며, 날개의 점무늬가 더 짙은 정도의 차이가 있을 뿐이어서, 매우 구별하기 어렵다. 요사이 큰표범나비는 보기 어려워지고 있으나 작은표범나비는 꽤 수가 많다.

- 크기 / 20~27 mm
- 출현기 / 6~8월 초 (연 1회)
- 서식지 / 산지의 정상이나 능선 주변 풀밭
- 암수 구별 / 암컷은 수컷에 비해 크고, 날개 외연이 둥글어 보인다.
- 계절형 / 없다.
- 먹이 식물 / 불명
- 월동태 / 불명
- 분포 / 경기도 및 강원도의 산지

▲ 금잔화꽃에서 꿀을 빨아먹고 있는 암컷.
1992. 9. 10. 명지산(경기)

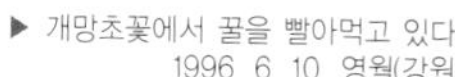

▶ 개망초꽃에서 꿀을 빨아먹고 있다.
1996. 6. 10. 영월(강원)

- 크기 / 36~40 mm
- 출현기 / 6월 중순~10월 (연 1회)
- 서식지 / 산지의 정상이나 능선 주변 풀밭
- 암수 구별 / 암컷은 수컷에 비해 크고, 날개 외연이 둥글어 보인다.
- 계절형 / 없다.
- 먹이 식물 / 제비꽃과 제비꽃류
- 월동태 / 1령 애벌레
- 분포 / 남한 각지

흰줄표범나비

Argyronome laodice

뒷날개의 아랫면에 흰줄 무늬가 뚜렷하다. 전국의 하천 주변이나 산꼭대기의 풀밭에서 사는 흔한 나비이다. 엉겅퀴, 개망초, 큰까치수영꽃에 잘 모여 꿀을 빨거나 습한 곳이나 동물의 배설물, 새똥에도 잘 모인다. 한참 더울 때에는 여름잠을 잔다. 이후 가을에 다시 활동하게 되며, 이 때 암컷은 산란을 하게 된다. 제주도의 개체는 육지보다 크고, 흰줄 무늬가 굵다.

▲ 큰까치수영꽃에서 꿀을 빨아먹고 있다.
1999. 7. 5. 축령산(경기)

◀ 놀랐을 때에는 나뭇잎 위에 잘 올라간다.
1994. 7. 23. 오대산(강원)

큰흰줄표범나비

Argyronome ruslana

흰줄표범나비보다 발생 시기가 약간 늦고 산지 성향을 보이나, 같은 장소에 두 종이 함께 사는 경우가 많다. 산지의 양지바른 풀밭에서 잘 날아다니며, 물가에도 곧잘 날아온다. 여름잠을 자거나 산란 습성은 대체로 흰줄표범나비와 같지만, 날개 외연이 굴곡되는 생김새에서 흰줄표범나비와 차이가 난다. 여름잠을 잔 암컷은 9월경에 알을 낳는데, 제비꽃이 있는 주변 마른 풀에 한 개씩 낳는다. 알에서 깨나온 애벌레는 먹지 않고 월동에 들어간다.

- 크기 / 38~40 mm
- 출현기 / 6월 중순~9월 (연 1회)
- 서식지 / 산지의 풀밭
- 암수 구별 / 암컷은 수컷에 비해 크고, 날개 외연이 둥글어 보인다.
- 계절형 / 없다.
- 먹이 식물 / 제비꽃과 제비꽃류
- 월동태 / 1령 애벌레
- 분포 / 남한 각지 (제주도와 울릉도 제외)

▲ 무더운 날 쉬땅나무에 날아와 꿀을 먹는 암컷. 2002. 7. 30. 삽당령(강원)

▲ 수컷은 여느 표범나비류와 같이 생겼다.
1999. 6. 20. 관음사(제주)

◀ 암컷은 날개가 검어 다른 종류로 잘못 판단하기 쉽다.
1993. 9. 26. 영종도(경기)

암검은표범나비

Damora sagana

낮은 산지나 평지의 풀밭에 사는데, 남부 지방이나 섬 쪽으로 개체 수가 많아진다. 나무가 많은 숲 주변을 좋아한다. 수컷은 빠르게 날아다니면서 개망초, 산초나무, 엉겅퀴류 등의 꽃에서 꿀을 빨거나 축축한 습지에서 물을 빨아먹는다. 암컷은 빠르지 않게 날면서 나뭇잎 사이를 옮겨 다닌다. 간혹 암컷의 날개 윗면이 흑갈색으로 수컷과 크게 달라, 다른 종으로 착각하기 쉽다.

- 크기 / 30~40 mm
- 출현기 / 6월 중순~9월 (연 1회)
- 서식지 / 산지나 평지의 풀밭
- 암수 구별 / 암컷의 날개 윗면은 검은색이다.
- 계절형 / 없다.
- 먹이 식물 / 제비꽃과 제비꽃류
- 월동태 / 1령 애벌레
- 분포 / 남한 각지

▲ 가시엉겅퀴꽃에 날아온 암수, 왼쪽이 수컷, 오른쪽이 암컷이다. 2001. 7. 7. 천왕사(제주)

- 크기 / 27~38 mm
- 출현기 / 2~11월 (연 4~5회)
- 서식지 / 산지나 평지의 풀밭
- 암수 구별 / 암컷은 앞날개 윗면 날개 끝이 검다.
- 계절형 / 없다.
- 먹이 식물 / 제비꽃과 제비꽃류
- 월동태 / 1령 애벌레
- 분포 / 제주도와 남해안 일대의 섬

암끝검은표범나비

Argyreus hyperbius

제주도와 남부의 섬에서 토착하는 것으로 보인다. 늦여름에서 가을에 걸쳐 중부 지방에서도 많이 볼 수 있는데, 대부분 이동해 온 개체들로 월동을 못하는 것으로 추측된다. 밭 주변의 풀밭, 마을, 길가 뿐만 아니라 도시 안에서도 볼 수 있다. 수컷은 가끔 산꼭대기에서 점유 행동을 한다. 암컷은 길가의 좀 어두운 장소에 자주 나타나며 낮게 날면서 제비꽃 주위에 알을 낳는다. 암컷의 앞날개 끝에만 검은색이 발달한다.

▲ 큰까치수영꽃에 잘 날아온다. 1992. 7. 16. 광덕산(강원)

◀ 꽃에서 자주 발견되는 암컷. 1996. 7. 22. 한라산(제주)

은줄표범나비

Argynnis paphia

산지의 길가에 사는 아주 흔한 나비로, 뒷날개 아랫면에 세 개의 은색 줄무늬가 있다. 엉겅퀴나 큰까치수영의 꽃을 즐겨 찾아 꿀을 빨며, 오전 중에는 잎이나 땅 위에 앉아 일광욕을 하는 모습을 쉽게 볼 수 있다. 간혹 암컷 중에는 날개 윗면의 빛깔이 검어진 것도 있다. 여름잠을 자고 가을에 다시 활동하는 습성은 다른 표범나비류와 같다. 제주도의 개체는 날개 아랫면의 색이 보랏빛이 강하게 나타난다.

- 크기 / 30~39 mm
- 출현기 / 6~9월 (연 1회)
- 서식지 / 산지나 평지의 풀밭
- 암수 구별 / 수컷 앞날개에 검은색 줄무늬 성표가 세 개 있다.
- 계절형 / 없다.
- 먹이 식물 / 제비꽃과 흰털제비꽃, 졸방제비꽃
- 월동태 / 알 또는 1령 애벌레
- 분포 / 남한 각지

▲ 높은 산에서 발견된다. 1999. 7. 5. 축령산(경기)

▶ 암컷의 날개는 검은 편이다. 1996. 7. 31. 오대산(강원)

- 크기 / 29~40 mm
- 출현기 / 6월 말~8월 (연 1회)
- 서식지 / 높은 산지의 숲 가장자리
- 암수 구별 / 수컷 앞날개 윗면의 제1b, 2와 3맥에 성표가 있다. 암컷은 날개가 어둡다.
- 먹이 식물 / 제비꽃과 제비꽃류
- 월동태 / 1령 애벌레
- 분포 / 경기도, 강원도와 충북 일부

산은줄표범나비

Childrena zenobia

해발 700 m 이상의 경기도와 강원도, 충북의 높은 산지에 살며, 대형의 표범나비이다. 수컷은 간혹 축축한 땅에 잘 모이며, 암수 모두 큰까치수영과 참싸리 등의 꽃에서 꿀을 빤다. 암컷은 대체로 확 트인 곳보다 숲 안의 환한 곳을 더 좋아한다. 8월경 1000 m 이상 지역에서는 거의 대부분 이 나비만 보인다. 날개 아랫면에 고리 모양으로 된 흰무늬가 발달한다. 암컷은 날개 윗면이 어두운 녹색이다.

▲ 긴은점표범나비와 닮은 점이 많다. 2002. 6. 9. 주금산(경기)

은점표범나비

Fabriciana niobe

긴은점표범나비와 아주 비슷하나, 뒷날개 아랫면 중실에 있는 은점 무늬가 이 종은 둥글고, 긴은점표범나비는 타원형이어서 구별된다. 햇볕이 잘 드는 풀밭에 살며, 엉겅퀴, 개망초, 마타리, 개쉬땅나무, 큰수리취 등의 꽃을 즐겨 찾아 꿀을 빤다. 암컷은 먹이 식물인 제비꽃보다 주변의 마른 가지, 풀 등에 산란하는 경향이 있다. 제주도의 개체는 육지 개체보다 날개 윗면의 검은 점무늬가 작아진다.

- 크기 / 25~32 mm
- 출현기 / 5월 말~9월 (연 1회)
- 서식지 / 산지나 평지의 풀밭
- 암수 구별 / 수컷 앞날개 윗면의 제2와 3맥에 성표가 있다.
- 먹이 식물 / 제비꽃과 제비꽃류
- 월동태 / 1령 애벌레
- 분포 / 남한 각지 (울릉도 제외)

▲ 2002. 7. 27. 운두령(강원)

표범나비류 중에는 은점표범나비의 암컷에게서 간혹 날개 윗면이 검게 된 개체들이 있다. 산은줄표범나비는 아예 전체가 검어져 있으나 은점표범나비는 일부 개체 만이 검어진다.

▲ 땅 위에서 물을 먹는 수컷. 1992. 7. 5. 광덕산(강원)

◀ 꿀풀 위에 날아와 앉은 암컷. 1996. 6. 10. 영월(강원)

긴은점표범나비

Fabriciana adippe

평지의 풀밭에 많으며, 높은 산지까지 넓게 분포한다. 뒷날개 아랫면에 은색 점무늬가 뚜렷하게 나타난다. 또 뒷날개 아랫면 중앙에 있는 은색 점무늬가 특별히 길쭉하다. 엉겅퀴, 큰까치수영, 개망초 등의 꽃에서 꿀을 빤다. 간혹 수컷이 습지에 모이나 그 성질은 약하다. 낮은 곳에서는 한여름에 여름잠을 자고 가을에 다시 보이지만, 높은 산지에서는 7~9월에 여름잠 없이 활동한다.

- 크기 / 27~34 mm
- 출현기 / 6~10월 (연 1회)
- 서식지 / 산지나 평지의 풀밭
- 암수 구별 / 수컷 앞날개 윗면의 제2와 3맥에 성표가 있다.
- 먹이 식물 / 제비꽃과 털제비꽃
- 월동태 / 1령 애벌레
- 분포 / 남한 각지 (울릉도 제외)

▲ 환경부 지정 보호 대상 종이다. 1999. 7. 5. 축령산(경기)

- 크기 / 29~42 mm
- 출현기 / 6~9월 (연 1회)
- 서식지 / 산지나 평지의 풀밭
- 암수 구별 / 수컷의 앞날개 윗면의 제2, 3맥에 성표가 있다.
- 먹이 식물 / 제비꽃과 제비꽃류
- 월동태 / 1령 애벌레
- 분포 / 남한 각지 (울릉도 제외)

왕은점표범나비

Fabriciana nerippe

산지의 풀밭에 가면 가끔 볼 수 있으나 다른 표범나비류보다는 적은 편이다. 뒷날개 아랫면 아외연에 'M' 자의 흑갈색 무늬가 뚜렷하여 다른 표범나비류와 차이가 난다. 엉겅퀴, 개망초, 큰까치수영 등의 꽃에서 꿀을 빤다. 다른 표범나비류처럼 여름잠을 자며, 가을에 다시 활동하는 것을 볼 수 있다. 강원도 산지에서는 개체 수가 적지 않으나 제주도에서는 매우 희귀하다.

▲ 큰까치수영꽃 위에서의 짝짓기. 1991. 6. 30. 광덕산(강원)

풀표범나비

Speyeria aglaja

탁 트인 산지의 풀밭이나 계곡 가장자리에 살며 흔하지 않다. 오전 중에는 습한 곳이나 꽃에 잘 모이며, 대체로 낮게 깔리듯이 날아다닌다. 오후에는 수컷들이 낮은 구릉에 모이는 습성이 있으며, 암컷을 탐색하러 다니는 일이 많다. 산지에 살기 때문에 다른 표범나비류와 달리 여름잠을 자지 않는 것으로 추정되어 가을에도 좀처럼 보이지 않는다. 은점표범나비와는 은점 배열이 차이가 많다.

- 크기 / 28~34 mm
- 출현기 / 6~8월 (연 1회)
- 서식지 / 산지나 평지의 풀밭
- 암수 구별 / 수컷의 앞날개 윗면의 제 1b, 2와 3맥에 성표가 있다.
- 먹이 식물 / 각종 제비꽃류
- 월동태 / 알 또는 1령 애벌레
- 분포 / 남한 각지 (울릉도 제외)

▲ 새똥 위에 날아온 수컷. 1998. 6. 26. 해산(강원)

- 크기 / 24~34 mm
- 출현기 / 5~6월, 7~8월 초, 9월 (연 2~3회)
- 서식지 / 낙엽 활엽수림 주변
- 암수 구별 / 암컷은 크고, 흰 띠의 너비가 넓다.
- 먹이 식물 / 인동과 올괴불나무, 각시괴불나무
- 월동태 / 3령 애벌레
- 분포 / 남한 각지 (울릉도 제외)

줄나비

Limenitis camilla

검은 바탕에 흰 띠 하나가 뚜렷한 나비이다. 주로 낮은 산지의 숲 가장자리에 살며, 때로는 높은 곳까지도 넓게 분포한다. 활발하게 나무 사이를 날며, 습한 땅에서 물을 먹거나 산초나무 등 여러 꽃에 모여 꿀을 빠는데, 때로는 썩은 과실이나 새똥에도 모일 때가 있다. 암컷은 먹이 식물 잎 위에 알을 한 개씩 낳는다. 간혹 흰 띠가 가늘어지고 없어진 개체가 나타난다.

▲ 축축한 바위 위에 잘 날아온다. 1993. 6. 25. 계방산(강원)

참줄나비

Limenitis moltrechti

경기도 북부와 강원도 산지에 분포한다. 수컷은 나뭇잎 위에 날개를 편 채로 앉아 점유행동을 강하게 하거나 습지에 잘 내려앉으며, 짐승의 똥이나 새똥에도 잘 모인다. 암컷은 계곡 주변이나 산길 주변을 천천히 날다가 잘 앉기 때문에 비교적 관찰하기 쉽다. 꽃에서 꿀을 빠는 경우는 거의 없다. 줄나비보다 흰 줄 무늬가 굵고, 뒷날개의 색조가 엷다.

- 크기 / 32~36 mm
- 출현기 / 6~8월 초 (연 1회)
- 서식지 / 높은 산지의 낙엽수림 주변
- 암수 구별 / 암컷은 날개의 너비가 넓고, 외연이 둥글다.
- 먹이 식물 / 인동과 올괴불나무
- 월동태 / 3령 애벌레
- 분포 / 경기도, 강원도, 충청도 일부

▲ 참줄사촌나비는 축축한 곳에 잘 모인다. 1991. 6. 30. 계방산(강원)

참줄나비사촌

Limenitis amphyssa

- 크기 / 31~35 mm
- 출현기 / 6~8월 초 (연 1회)
- 서식지 / 높은 산지의 낙엽수림 주변
- 암수 구별 / 암컷은 날개의 너비가 넓고, 외연이 둥글다.
- 먹이 식물 / 인동과 구슬댕댕이
- 월동태 / 3령 애벌레
- 분포 / 강원도

참줄나비와 비슷하나 앞날개 중실의 흰줄무늬 모양이 다르다. 강원도 산간 지역의 계곡에 산다. 수컷은 오전에 습기 있는 땅에서 물을 빨아먹으며 한가로운 시간을 보낸다. 오후에는 나뭇잎 끝에 앉아 점유 행동을 한다. 암컷은 먹이 식물의 잎 아래에 알을 한 개씩 낳는다.

▲ 땅바닥에 잘 내려앉는다. 1993. 8. 14. 영종도(경기)

제일줄나비

Limenitis helmanni

흔한 나비로, 잡목림 숲 가장자리에 산다. 수컷은 축축한 땅에 잘 모이며, 산초나무꽃이나 짐승 똥에도 잘 모인다. 앉을 때에는 날개를 폈다 접었다를 반복하는 특징이 있다. 유사종인 제이줄나비와의 구별이 어려우나, 이 종이 앞날개 윗면의 중실에 있는 흰줄 무늬가 가늘고 곧은 것으로 구별된다. 애벌레는 먹이 식물 잎의 중맥 끝에 위치하는데, 언뜻 보기에 잎 부스러기처럼 보인다. 다 자란 애벌레는 녹색이고 몸에 예리한 가시모양 돌기가 나 있다.

- 크기 / 27~32 mm
- 출현기 / 5월 말~9월 (연 2~3회)
- 서식지 / 낙엽수림 주변
- 암수 구별 / 암컷은 날개 너비가 넓고, 외연이 둥글다.
- 먹이 식물 / 인동과 올괴불나무, 인동, 구슬댕댕이, 각시괴불나무
- 월동태 / 애벌레
- 분포 / 남한 각지

▲ 풀잎 위에서 날개를 펼친 암컷. 2002. 6. 9. 주금산(경기)

▶ 수컷은 축축한 곳을 좋아한다. 1991. 6. 2. 명지산(경기)

제이줄나비

Limenitis doerriesi

- 크기 / 26~32 mm
- 출현기 / 5월 말~9월 (연 2~3회)
- 서식지 / 낙엽 활엽수림 주변
- 암수 구별 / 암컷은 날개 너비가 넓고, 외연이 둥글다.
- 먹이 식물 / 인동과 괴불나무, 올괴불나무, 인동
- 월동태 / 애벌레
- 분포 / 남한 각지 (부속 섬 제외)

제일줄나비와 형태가 매우 비슷하나 앞날개 윗면의 중실에 있는 흰줄 무늬가 구부러져 있어 차이가 난다. 아직 부속 섬에서는 발견되지 않고 있다. 수컷은 계곡이나 산길에서 천천히 날아다니고, 축축한 땅에 잘 내려앉는다. 산초나무와 조팝나무의 꽃이나 짐승의 똥에도 잘 모인다. 길 위에 앉을 때에는 날개를 폈다 접었다 하며 주위를 경계한다. 제일줄나비와는 생태적 차이가 거의 없다.

▲ 강원도의 깊은 산 계곡에 가끔 출현한다. 1991. 6. 30. 계방산(강원)

제삼줄나비

Limenitis homeyeri

강원도 태백 산맥의 높은 산지의 계곡이 접해 있는 길가를 중심으로 산다. 흔한 종은 아니며, 앞의 두 종과 달리 날개의 바탕색이 가장 어두운 감이 있다. 수컷은 계곡의 축축한 땅에 잘 앉으나 꽃에 날아드는 것은 발견하지 못했다. 아직 이 나비의 유생기가 제대로 파악되지 않고 있어, 연구의 대상이다. 제일, 제이, 제삼이라고 하는 의미는 무늬 차이가 난다는 것이 아니라 편의에 따라 붙여진 것 뿐이다.

- 크기 / 27~32 mm
- 출현기 / 6월 말~8월 (연 1회)
- 서식지 / 낙엽 활엽수림 주변
- 암수 구별 / 암컷은 날개 너비가 넓고, 외연이 둥글다.
- 먹이 식물 / 불명
- 월동태 / 불명
- 분포 / 강원도 태백 산맥 산지

▲ 이 계통의 나비 중 띠의 너비가 가장 넓다. 1993. 6. 20. 쌍용(강원)

- 크기 / 34~43 mm
- 출현기 / 6~8월 (연 1~2회)
- 서식지 / 낮은 산지
- 암수 구별 / 암컷은 날개 중앙의 흰 띠의 너비가 넓다.
- 먹이 식물 / 장미과 조팝나무, 꼬리조팝나무
- 월동태 / 애벌레
- 분포 / 남한 각지 (부속섬 제외)

굵은줄나비

Limenitis sydyi

이 속에 속하는 나비 중 날개 중앙의 흰 띠가 가장 넓다. 야산이나 마을 주변의 조팝나무가 많은 곳에 사는데, 나는 힘이 강하고, 활발하게 날아다닌다. 수컷은 축축한 땅에 잘 모이고, 싸리나무와 조팝나무 등 여러 꽃에서 꿀을 빨며, 오후에는 점유 행동을 한다. 암컷은 먹이 식물의 잎 뒤에 알을 한 개씩 낳는다. 암컷 날개 윗면의 바깥 가장자리 쪽으로 적갈색 무늬가 나타난다.

▲ 물가에 잘 날아오는 수컷. 1992. 7. 1. 계방산(강원)

왕줄나비

Limenitis populi

대형의 줄나비로 날개 아랫면에 붉은색이 감돈다. 강원도나 경기도의 높은 산지의 계곡이나 숲 주변에 산다. 수컷은 축축한 물가에 잘 내려앉으며, 새나 짐승 똥에도 모인다. 나는 힘이 강하여 계곡 위를 활강하여 지나가는 경우가 많다. 앉아 쉴 때에도 사소한 인기척에도 민감하기 때문에 다가서기가 아주 곤란하다. 암컷은 대단히 보기 힘들며, 계곡 주변 높은 나무 위에 앉아 있는 경우가 있다.

- 크기 / 34~48 mm
- 출현기 / 6~7월 (연 1회)
- 서식지 / 한랭한 낙엽 활엽수림
- 암수 구별 / 암컷은 날개의 흰 띠의 너비가 넓다.
- 먹이 식물 / 버드나무과 황철나무
- 월동태 / 애벌레
- 분포 / 경기도 북부와 강원도 태백 산맥의 산지

▲ 날개 윗면의 흰 띠가 세 개 있다. 1991. 6. 30. 계방산(강원)

- 크기 / 30~35 mm
- 출현기 / 6월 중순~8월 (연 1회)
- 서식지 / 낮은 산지 또는 마을 주변
- 암수 구별 / 수컷은 뒷날개 윗면에 회백색의 성표가 있다.
- 먹이 식물 / 장미과 복숭아나무, 자두나무, 산옥매, 산벚나무, 매실나무
- 월동태 / 애벌레
- 분포 / 남한 각지 (제주도 제외)

왕세줄나비

Neptis alwina

세줄나비류 중에서 가장 크다. 애벌레가 재배 식물인 복숭아나무나 매실나무의 잎을 먹기 때문에 마을 주변에 흔하다. 날개를 펄럭이며 나무 위를 천천히 날아다닌다. 암수 모두 물가에 잘 모이며, 산초나무와 쥐똥나무 등의 꽃에서 꿀을 빤다. 월동은 애벌레로 하는데, 먹이 식물의 겨울눈과 가지 사이의 움푹 팬 장소에 숨어 지낸다. 수컷의 앞날개 끝에 흰 무늬가 있어 암컷과 차이가 난다.

▲ 계곡 주변을 천천히 날아다닌다. 1991. 5. 23. 주금산(경기)

세줄나비

Neptis philyra

날개를 펴면 검은색 바탕에 가로로 세 개의 흰 줄이 뚜렷하다. 축축한 땅에서 물을 먹는데, 쓰레기나 썩은 과일 등에 날아와 즙을 빠는 습성이 강하다. 간혹 꽃에 모이는 일도 있으나 아주 드문 경우이다. 월동은 애벌레로 하는데, 이 때 애벌레는 잎자루에 실을 내어 단단히 고정한 다음 그 잎 사이에서 겨울을 난다. 이듬해 잎이 새로 돋는 봄에 먹이 식물의 잎을 먹고 자라는데, 움직임이 둔하다.

- 크기 / 34~38 mm
- 출현기 / 5월 말~7월 초 (연 1회)
- 서식지 / 산지의 계곡
- 암수 구별 / 수컷은 뒷날개 윗면에 회백색의 성표가 있다.
- 먹이 식물 / 단풍나무과 단풍나무, 고로쇠나무
- 월동태 / 애벌레
- 분포 / 남한 각지 (부속 섬 제외)

▲ 축축한 곳에서 물을 먹는다. 1997. 6. 1. 검단산(경기)

- 크기 / 35~37 mm
- 출현기 / 5월 말~7월 초 (연 1회)
- 서식지 / 낮은 산지의 계곡
- 암수 구별 / 수컷은 뒷날개 윗면에 회백색의 성표가 있다.
- 먹이 식물 / 자작나무과 까치박달, 서어나무, 개암나무, 참개암나무
- 월동태 / 애벌레
- 분포 / 남한 각지 (부속 섬 제외)

참세줄나비

Neptis philyroides

세줄나비와 생김새가 비슷하고, 두 종이 섞여 사는 곳이 많다. 두 종의 습성에 있어서도 차이가 크지 않다. 그늘진 계곡의 축축한 땅에서 물을 먹거나 썩은 과일이나 오디 같은 열매에서 과즙을 빠는 일이 있으나, 꽃에 오는 일은 아주 드물다. 수컷은 나무 위를 천천히 활강하며 날아다니는 일이 많다. 암컷은 움직임이 덜하며 먹이 식물 주위를 맴도는 일이 많다.

▲ 가장 흔한 세줄나비이다. 2002. 4. 28. 화야산(경기)

애기세줄나비

Neptis sappho

세줄나비 중 가장 작은 나비로, 산지의 계곡이나 숲 가장자리에 흔하다. 천천히 활강하다가 파닥파닥하기를 반복하며 나는데, 수컷끼리 빙글빙글 돌며 어우러져 날 때가 많다. 여러 꽃에 날아와 꿀을 빨고, 습지에도 잘 내려앉는다. 애벌레는 먹이 식물의 잎 중맥을 남기는 버릇이 있다. 중맥 끝에 은폐하기 때문에 좀처럼 찾아 내기 어렵다. 제주도에서는 해안 지대에서 650 m의 중산간 지역에 넓게 볼 수 있다.

- 크기 / 22~30 mm
- 출현기 / 4~10월 (연 3~4회)
- 서식지 / 활엽수림 숲 가장자리나 계곡 주변
- 암수 구별 / 수컷은 뒷날개 윗면에 회백색의 성표가 있다.
- 먹이 식물 / 콩과 나비나물, 네잎갈퀴덩굴, 싸리, 넓은잎갈퀴, 아까시나무, 칡, 벽오동과 벽오동
- 월동태 / 애벌레
- 분포 / 남한 각지

▲ 높은산세줄나비는 산 길가에 나타난다. 2001. 6. 30. 오대산(강원)

- 크기 / 23~29 mm
- 출현기 / 6~7월 (연 1회)
- 서식지 / 활엽수림 숲 가장자리
- 암수 구별 / 암컷 날개의 너비가 넓고, 배가 굵다.
- 먹이 식물 / 자작나무과 까치박달
- 월동태 / 애벌레
- 분포 / 경기도, 강원도, 경남 일부 지역

높은산세줄나비

Neptis speyeri

애기세줄나비와 비슷하나 개체 수는 매우 적다. 강원도와 경기도의 활엽수림 계곡이나 산길에 산다. 수컷은 축축한 땅바닥에 잘 내려앉으며, 오전 중 햇빛이 강할 때 날개를 활짝 펴고 일광욕을 한다. 오후에 국수나무 등의 꽃에서 흡밀하는 경우도 있다. 날개를 활짝 폈을 때 제일 위의 줄 무늬가 끊어지지 않고 이어진 점이 애기세줄나비와 다르다.

▲ 주로 조팝나무 주변에 많다. 1997. 6. 22. 정개산(경기)

별박이세줄나비

Neptis pryeri

뒷날개 아랫면 기부에 검은 점이 촘촘히 있어 밤하늘의 별을 연상시킨다. 숲 가장자리에 살며, 천천히 활강하듯 날아다닌다. 앉을 때에는 날개를 편다. 특히, 조팝나무 주위를 맴도는 경우가 많으며, 산초나무와 조팝나무의 꽃에서 꿀을 빠는 일이 많다. 가끔 오디와 같은 열매나 새똥 또는 동물의 사체에 모이기도 한다. 산에 오르다 보면 땀에 밴 옷에 날아오는 일이 있는데, 움직이지 않고 있으면 오랫동안 땀을 빨아먹는다.

- 크기 / 23~34 mm
- 출현기 / 5월 말~9월 (연 2~3회)
- 서식지 / 활엽수림 주변
- 암수 구별 / 암컷이 크고 날개가 둥글다.
- 먹이 식물 / 장미과 조팝나무
- 월동태 / 애벌레
- 분포 / 남한 각지 (제주도, 울릉도 제외)

▲ 바위 위를 자주 찾는 수컷. 1991. 6. 20. 광덕산(강원)

- 크기 / 34~45 mm
- 출현기 / 6~8월 (연 1회)
- 서식지 / 낙엽 활엽수림 주변
- 암수 구별 / 암컷이 크고 날개가 둥글다.
- 먹이 식물 / 참나무과 졸참나무, 신갈나무
- 월동태 / 애벌레
- 분포 / 남한 각지 (부속 섬 제외)

황세줄나비

Neptis thisbe

참나무가 많은 곳이면 흔하게 볼 수 있다. 산길 위나 나무 위를 느리게 날아다닌다. 수컷은 약간 그늘진 바위 위의 축축한 곳에 잘 모인다. 또, 외딴집 뜰이나 우물가에도 잘 모이며, 길가나 도로변에 앉는 일이 많다. 때로는 개구리 등의 사체나 새똥에 모여 즙을 빠는 경우도 있으나 꽃에 날아오는 일은 없다. 암컷은 나무 위를 빙글빙글 돌듯 날아다닌다. 날개의 줄 무늬가 황색빛을 띤다.

▲ 중국황세줄나비는 희귀한 나비로 알려져 있다. 1997. 6. 30. 오대산(강원)

중국황세줄나비

Neptis tshetverkovi

현재 *Neptis* 속 나비 중 우리 나라에서 가장 희귀하며, 강원도의 설악산, 계방산, 오대산, 해산 등과 같은 높은 산에 산다. 날개의 노란색 띠무늬가 아주 돋보인다. 수컷은 축축한 땅바닥에 내려와 앉으며, 새똥에 잘 날아온다. 암컷은 나무 사이를 천천히 날아다닐 때가 많고, 나뭇잎 위에 꼼짝않고 앉아 있기도 하나 매우 보기 힘들다.

- 크기 / 32~44 mm
- 출현기 / 6월 중순~8월 (연 1회)
- 서식지 / 강원도 태백 산맥 한랭지
- 암수 구별 / 암컷은 크고 날개의 외연이 둥글다.
- 먹이 식물 / 불명
- 월동태 / 불명
- 분포 / 강원도 태백 산맥 일부 지역

▲ 반 음지 상태의 계곡을 잘 찾는다. 1993. 7. 4. 오대산(강원)

산황세줄나비

Neptis themis

- 크기 / 30~42 mm
- 출현기 / 6~7월 (연 1회)
- 서식지 / 낙엽 활엽수림 주변
- 암수 구별 / 암컷은 크고 날개의 외연이 둥글다.
- 먹이 식물 / 불명
- 월동태 / 불명
- 분포 / 경기도 북부, 강원도와 지리산

계곡이나 숲 가장자리에 살며, 황세줄나비보다 높은 산 쪽에 많다. 경기도와 강원도는 물론 지리산까지 분포한다. 높은 나무 사이를 천천히 활강하듯 날아다니는 모습을 관찰할 수 있다. 꽃에 날아오지 않으나 축축한 땅에 내려앉아 물을 먹는 일이 흔하다. 황세줄나비와 중국황세줄나비보다 약간 날개 빛깔이 어둡다. 예전에는 '설악산황세줄나비' 로 부른 적이 있다.

▲ 밝은 길가에서 천천히 날아다닌다. 1991. 5. 21. 쌍용(강원)

두줄나비

Neptis rivularis

산지보다 밝은 길가나 논둑에 살며, 별박이세줄나비와 같이 사는 경우도 있다. 숲 가장자리를 천천히 활강하다가 쾌치면서 날아다닌다. 특히, 먹이 식물인 조팝나무 주위를 맴도는 경우가 많으며, 그 곳을 멀리 벗어나는 일은 별로 없다. 주로 흰 꽃에서 꿀을 빨고 계곡의 습지에 잘 내려앉는데, 가끔 새똥에 모이는 일도 있다. 세줄나비류 중에서 날개 윗면의 흰띠가 두개인 유일한 나비이다.

- 크기 / 20~28 mm
- 출현기 / 5월 말~8월 (연 1~2회)
- 서식지 / 경작지 주변, 낮은 산지
- 암수 구별 / 암컷은 크고 날개의 형태가 둥글다.
- 먹이 식물 / 장미과 조팝나무
- 월동태 / 3령 애벌레
- 분포 / 남한 각지 (부속 섬 제외)

▲ 천천히 날지만 꽤 예민하다. 2002. 5. 12. 가리산(강원)

- 크기 / 40~45 mm
- 출현기 / 5~6월 (연 1회)
- 서식지 / 산지의 숲 가장자리, 계곡
- 암수 구별 / 수컷은 앞날개 기부에 성표가 있다.
- 먹이 식물 / 불명
- 월동태 / 불명
- 분포 / 경기도, 강원도, 충청 북도 일부

어리세줄나비

Aldania raddei

산지의 계곡이나 숲 가장자리에 산다. 수컷은 숲 속 넓은 빈터의 축축한 곳에서 물을 빨아먹는 일이 많으나 꽃에 오는 일은 없다. 가끔 동물의 배설물에 모이는데, 무척 인기척에 예민하다. 암수 모두 오전보다 오후에 나무 사이를 활발히 날아다니는데, 그다지 빠르지 않은 편이다. 암컷은 수컷에 비해 덜 활발하며, 계곡의 후미진 빈터에 나뭇잎 위에 머무는 경우가 많다.

▲ 봄형은 날개의 바탕색이 붉다. 2001. 5. 5. 명지산(경기)

◀ 여름형은 쉬땅나무꽃에 잘 날아와 꿀을 빤다.
1997. 7. 31. 계방산(강원)

북방거꾸로여덟팔나비

Araschnia levana

거꾸로여덟팔나비와 형태와 습성이 비슷하나 강원도 높은 산 쪽으로 분포하며, 발생 시기도 약간 늦은 편이다. 봄형과 여름형의 날개 빛깔이 다르다. 수컷은 계곡의 밝은 곳에서 일광욕을 하거나 한가롭게 앉아 물을 먹기도 한다. 암수 모두 쉬땅나무, 개망초, 큰까치수영 등의 꽃에서 꿀을 빤다. 수컷은 산꼭대기에서 점유 행동을 한다. 날 때에는 날개를 파닥거림이 바지런하다.

- 크기 / 16~21 mm
- 출현기 / 봄형 5~6월, 여름형 7~8월 (연 2회)
- 서식지 / 높은 산지의 숲 가장자리, 계곡
- 암수 구별 / 암컷은 날개 중앙의 흰 띠의 너비가 넓다.
- 계절형 / 날개 빛깔이 봄형은 적갈색, 여름형은 흑갈색이다.
- 먹이 식물 / 쐐기풀과 거북꼬리
- 월동태 / 번데기
- 분포 / 지리산 이북 지역

▲ 거꾸로 보면 여덟 팔(八)자가 보인다.
2002. 5. 9. 화야산(경기)

▶ 여름형은 날개 색이 검어진다.
1991. 7. 31. 계방산(강원)

거꾸로여덟팔나비

Araschnia burejana

- 크기 / 18~24 mm
- 출현기 / 봄형 5~6월, 여름형 7~8월 (연 2회)
- 서식지 / 낙엽 활엽수림 주변
- 암수 구별 / 암컷은 크고 날개 외연이 둥글다.
- 계절형 / 날개 빛깔이 봄형은 적갈색, 여름형은 흑갈색이다.
- 먹이 식물 / 쐐기풀과 거북꼬리
- 월동태 / 번데기
- 분포 / 남한 각지 (부속 섬 제외)

날개를 펴고 앉으면 거꾸로 된 여덟 팔(八)자 무늬가 나타난다. 앞 종과 달리 낮은 산지 쪽으로 산다. 앞의 종처럼 계절에 따른 차이가 크다. 여러 꽃에 잘 날아들며, 축축한 땅이나 동물의 배설물, 사람의 땀에도 날아온다. 암컷은 먹이 식물의 잎 뒤에 여러 개의 알을 겹치게 낳는 버릇이 있으며, 애벌레는 무리지어 생활한다. 속 이름 '*Araschnia*'는 거미로 변한 그리스 신화 속의 여인으로, 날개 아랫면의 복잡한 그물 무늬 때문에 생긴 듯하다.

▲ 야생화에 날아와 꿀을 빨아먹는 가을형. 1992. 10. 1. 광덕산(강원)

◀ 풀잎 위에서 쉬고 있는 여름형. 2001. 8. 9. 임진각(경기)

네발나비

Polygonia c-aureum

마을 주변 환삼덩굴이 무성한 개천의 둑이나 강가 등에서 살며, 아주 흔한 나비이다. 날개를 접고 앉으면 낙엽처럼 보이나 날개를 펴면 황갈색 바탕에 흑갈색 점이 뚜렷하다. 나뭇진에 잘 모이고, 산초나무, 구절초, 산국 등 여러 꽃에서 꿀을 빨거나 떨어진 감에도 잘 날아온다. 계절에 따른 날개의 형태, 빛깔의 차이가 있다. 엄지벌레로 월동하는 데, 겨울에도 따뜻한 날에는 풀밭에서 날아다니는 것을 볼 수 있다.

- 크기 / 25~33 mm
- 출현기 / 여름형 6~8월, 가을형 8~이듬해 5월 (연 2~4회)
- 서식지 / 개천이나 강둑
- 암수 구별 / 암컷 쪽이 크다.
- 계절형 / 날개 빛깔이 여름형은 황갈색, 가을형은 적갈색을 띤다.
- 먹이 식물 / 삼과 환삼덩굴, 홉
- 월동태 / 엄지벌레
- 분포 / 남한 각지

▲ 날개의 외연이 덜 튀어나온 여름형. 1997. 6. 30. 오대산(강원)

▶ 날개의 외연이 검고 심하게 모가 진 가을형. 1996. 9. 26. 광덕산(강원)

산네발나비

Polygonia c-album

- 크기 / 24~28 mm
- 출현기 / 봄형 6~7월, 여름형 8~이듬해 5월 (연 2~3회)
- 서식지 / 산지의 계곡
- 암수 구별 / 암컷 쪽이 크다.
- 계절형 / 가을형은 날개 아랫면이 더 짙어지고, 날개 외연이 더 모가 진다.
- 먹이 식물 / 느릅나무과 느릅나무, 난티나무
- 월동태 / 엄지벌레
- 분포 / 지리산 이북의 산지

네발나비와 닮았으나 날개 외연이 약간 둥글게 모진 점이 약간 다르다. 이 나비는 주로 산지의 계곡 또는 숲 가장자리에 많다. 수컷은 축축한 땅에서 물을 먹는 일이 흔하며, 해질 무렵 점유 행동을 격하게 한다. 큰까치수영, 구절초, 쥐손이풀 등의 꽃에 잘 모인다. 가을형은 이동성이 커서 고산에서 낮은 산까지 널리 모습을 나타낸다. 암컷은 숲 속 공간에서 낮은 위치의 먹이 식물을 탐색하며, 잎 위에 녹색의 알을 하나씩 낳는다.

▲ 땅바닥에서 물을 먹는 수컷. 2002. 7. 31. 오대산 상원사(강원)

홍줄나비

Seokia pratti

날개에 붉은 줄이 뚜렷하며 희귀한 이 나비는 남한에서는 백두 대간의 설악산과 오대산 등지에만 발견된다. 수컷은 맨땅에 날아와 물을 먹는데, 한번 놀라면 주변 높은 나뭇잎 위에 올라가 앉는다. 땅에 앉아 있을 때에는 오래 자리를 뜨지 않는다. 암컷은 인적이 드문 후미진 곳으로 내려오며, 꽃에 날아오기도 한다. 아마 높은 잣나무의 잎에 산란하는 것으로 보인다. 이 나비의 형태와 습성 등에서 '*Limenitis*'와 다른 '*Seokia*'로 보는 것이 타당할 듯 싶다. '*Seokia*'는 나비 학자 석주명을 나타낸다.

- 크기 / 42~51 mm
- 출현기 / 7월 초~8월 초 (연 1회)
- 서식지 / 설악산과 오대산의 낙엽 활엽수림
- 암수 구별 / 암컷은 날개 중앙에 흰 띠가 뚜렷하게 나타난다.
- 계절형 / 없다.
- 먹이 식물 / 소나무과 잣나무
- 월동태 / 불명
- 분포 / 설악산과 오대산

▲ 날개에 4개의 눈알 무늬가 뚜렷하다. 1993. 7. 5. 광덕산(강원)

- 크기 / 30~33 mm
- 출현기 / 6월 말~이듬해 5월 (연 1회)
- 서식지 / 강원도 산지
- 암수 구별 / 암컷 쪽이 약간 크다.
- 계절형 / 없다.
- 먹이 식물 / 삼과 홉
- 월동태 / 엄지벌레
- 분포 / 강원도 북부

공작나비

Inachis io

비무장 지대에 인접한 강원도의 높은 산지에서 볼 수 있는 희귀한 나비이나, 북한에서는 평지에 아주 흔하다. 날개의 바탕색이 붉은색이고, 눈알 모양의 무늬가 네 개 있다. 이 무늬가 공작새를 연상시킨다. 큰까치수영과 쉬땅나무의 꽃에서 꿀을 빤다. 계곡 주변 빈터의 물가에도 모인다. 월동을 한 개체들이 이른 봄에 일광욕을 하기 위해 날아다니는 것을 관찰한 적이 있다. 보통 때는 빠르지 않다가 한 번 놀라면 신속히 날아가 버린다.

▲ 날개를 살짝 펼친 수컷. 1992. 7. 5. 계방산(강원)

들신선나비

Nymphalis xanthomelas

예전에는 마을 주변에 많았으나 지금은 주로 산지의 잡목림 주변이나 계곡에 산다. 산길가의 습지에 내려앉거나 산꼭대기 주변 바위 위에 앉아 일광욕을 하는 경우가 많다. 참나무의 진에 가끔 날아온다. 월동은 엄지벌레로 하는데, 월동 후 수컷은 산꼭대기 또는 능선의 빈터에 뾰족 튀어나온 나무 끝에 앉아 날개를 활짝 펴고 일광욕을 하거나 점유 행동을 한다. 이 나비의 비상하는 모습을 보면 가히 '신선' 같은 매무새이다.

- 크기 / 34~40 mm
- 출현기 / 6~이듬해 4월 (연 1회)
- 서식지 / 산지의 잡목림
- 암수 구별 / 암컷 쪽이 약간 크다.
- 계절형 / 없다.
- 먹이 식물 / 버드나무과 갯버들
- 월동태 / 엄지벌레
- 분포 / 남한 각지 (울릉도 제외)

▲ 일광욕을 하는 수컷. 2001. 6. 23. 관음사(제주)

▶ 나뭇진에 날아오면 머리를 아래로 향한다. 2001. 6. 23. 관음사(제주)

청띠신선나비

Kaniska canace

- 크기 / 30~42 mm
- 출현기 / 6~이듬해 5월 (연 1~2회)
- 서식지 / 잡목림, 마을 주변
- 암수 구별 / 암컷이 약간 크고, 푸른색 띠가 굵다.
- 계절형 / 가을형은 뒷날개 아랫면의 바탕색이 짙어지고, 날개 외연이 더 날카롭게 모가 진다.
- 먹이 식물 / 백합과 청가시덩굴, 청미래덩굴
- 월동태 / 엄지벌레
- 분포 / 남한 각지

날개 중앙에 청백색의 띠가 뚜렷한 나비로, 마을과 사찰 또는 낮은 산지에서 높은 산지의 길가에 흔하다. 수컷은 해질 무렵 빠르게 날면서 점유 행동을 할 때가 많다. 흔히 습지에서 물을 빨며, 참나무의 진 또는 수박, 복숭아나무 등의 발효된 과일에 잘 모인다. 참나무 진에 날아올 때에는 항상 머리를 아래로 향하고 앉는다. 암컷은 숲 아래의 빈터를 낮게 날아다니면서 먹이 식물을 탐색하러 다닌다.

▲ 축축한 땅에 잘 내려앉는 수컷. 1996. 7. 31. 오대산(강원)

◀ 백리향꽃에서 꿀을 빨아먹고 있다. 2000. 7. 22. 백록담(제주)

큰멋쟁이나비

Vanessa indica

전국 어디에나 흔하지만, 특히 평지에 많은데, 낮은 산지의 숲 가장자리에 산다. 길가의 양지바른 곳에 잘 앉는다. 보통 길을 따라 날아다니기도 하고, 길바닥에 앉아 날개를 폈다 접었다 하기도 한다. 참나무의 진이나 썩은 과일, 오물 등에 잘 모이며, 백일홍, 국화, 엉겅퀴 등의 꽃에도 잘 모여 꿀을 빤다. 축축한 축대 등을 좋아하여 잘 날아온다. 월동은 엄지벌레로 하는데, 월동 후 개체 수가 퍽 줄어든다.

- 크기 / 30~35 mm
- 출현기 / 5~10월 (연 2~4회)
- 서식지 / 마을 주변, 평지에서 산지
- 암수 구별 / 암컷 쪽이 약간 크다.
- 계절형 / 없다.
- 먹이 식물 / 쐐기풀과 거북꼬리, 가는잎쐐기풀, 느릅나무과 느릅나무
- 월동태 / 엄지벌레
- 분포 / 남한 각지

▲ 꽃에 날아올 때 매우 예민하다. 1995. 7. 21. 태백산(강원)

- 크기 / 25~33 mm
- 출현기 / 5~10월 (연 수회)
- 서식지 / 마을 주변, 평지에서 산지
- 암수 구별 / 암컷 쪽이 약간 크다.
- 계절형 / 없다.
- 먹이 식물 / 국화과 떡쑥
- 월동태 / 엄지벌레
- 분포 / 남한 각지

작은멋쟁이나비

Cynthia cardui

세계적으로 널리 분포하는 나비로 이동성이 강하다. 우리 나라에서는 어디에서든 볼 수 있는 흔한 나비이다. 양지바른 풀밭이나 마을 주변에 살며, 서식지 주위를 낮게 날아다닌다. 토끼풀, 엉겅퀴, 코스모스의 꽃을 즐겨 찾고, 습지나 썩은 과일에 모이는 경우도 간혹 있다. 가을에 일시적으로 수가 늘어나지만 월동할 때 대부분 죽는 것으로 보여 봄에는 꽤 드물다.

▲ 그늘진 곳에 잘 날아와 휴식하는 버릇이 있다. 1994. 7. 17. 두륜산(경기)

먹그림나비

Dichorragia nesimachus

날개는 검은색 바탕에 흰색과 푸른색 줄무늬가 먹으로 그린 것 같은 분위기가 든다. 한반도 남부와 제주도의 500~750 m의 숲 가장자리에 산다. 수컷은 참나무의 진이나 짐승 똥, 썩은 과일에 잘 모이며, 해질 무렵에 계곡 주변이나 산꼭대기에서 점유 행동을 한다. 습지에 내려앉아 물을 먹는 장면을 흔하게 볼 수 있다. 암컷은 그늘진 숲 속 주위를 맴돌며 높은 나뭇잎 위에서 쉬는 일이 많다. 애벌레가 낮은 위치에서 발견되는 것으로 보아 알을 낳을 때에는 내려오는 것 같다.

- 크기 / 35~42 mm
- 출현기 / 5~8월 (연 2회)
- 서식지 / 상록수림 주변
- 암수 구별 / 암컷 쪽이 크고 날개 외연이 둥글다.
- 계절형 / 봄형은 작고 흰 무늬가 발달한다.
- 먹이 식물 / 나도밤나무과 나도밤나무, 합다리나무
- 월동태 / 번데기
- 분포 / 전라 북도, 경상 북도 이남 지역과 서해안 태안 반도, 대부도

▲ 날개를 펼치면 보랏빛 광택이 나는 수컷. 1997. 7. 17. 해산(강원)

▲ 축축한 바위를 잘 찾는다. 1997. 7. 17. 해산(강원)

오색나비 *Apatura ilia*

강원도의 태백 산맥 산지에 국지적으로 분포하며, 만나기가 매우 어렵다. 황오색나비와 비슷하여 구별이 간단치 않다.

▲ 날개의 바탕색이 갈색인 형은 주로 서해안 쪽으로 많다. 2001. 7. 20. 오대산(강원)

▲ 날개의 바탕색이 검은색인 형은 태백 산맥 쪽으로 많다. 1992. 8. 3. 광덕산(강원)

▲ 모래땅에 내려앉은 수컷. 1992. 8. 3. 광덕산(강원)

황오색나비

Apatura metis

수컷의 날개는 보는 각도에 따라 보랏빛 금속 광택이 나는 경우가 있다. 평지나 산지 어디든지 버드나무가 많은 곳이면 흔한 나비로 간혹 도심에도 출현한다. 암수 모두 버드나무나 참나무의 진에 잘 모이며, 길가의 습지에는 수컷만 보인다. 날개의 바탕색이 검은색형과 갈색형의 두 형이 있다. 월동은 애벌레로 하는데, 먹이 식물 줄기의 갈라진 틈에서 지낸다.

- 크기 / 32~40 mm
- 출현기 / 강원도 7~8월, 그 밖의 지역 6~10월 (연 1~3회)
- 서식지 / 하천 버드나무가 많은 장소, 산지 계곡
- 암수 구별 / 수컷에서만 보랏빛 광택이 난다.
- 계절형 / 없다.
- 먹이 식물 / 버드나무과 수양버들, 갯버들, 호랑버들
- 월동태 / 애벌레
- 분포 / 남한 각지 (제주도, 울릉도 제외)

▲ 날개가 보랏빛으로 빛나는 수컷. 2002. 7. 27. 오대산(강원)

▶ 날개 아랫면에 번개 모양을 한 흰 무늬가 있다. 1991. 6. 30. 광덕산(강원)

번개오색나비

Apatura iris

- 크기 / 35~45 mm
- 출현기 / 6월 말~8월 (연 1회)
- 서식지 / 해발 700 m 이상의 산지
- 암수 구별 / 수컷에서만 보랏빛 광택이 난다.
- 계절형 / 없다.
- 먹이 식물 / 버드나무과 호랑버들, 버드나무
- 월동태 / 애벌레
- 분포 / 지리산 이북의 산지

700 m 이상의 산지에 살며, 흔한 나비이다. 수컷 날개의 윗면이 강한 보랏빛 광택이 난다. 뒷날개 중앙의 흰 띠가 뾰족하게 튀어나온 모습이, 마치 번개치는 모양으로 보고 지어진 이름이다. 수컷은 습지에 잘 모여 물을 빨기도 하고, 정상 주변의 나무 끝에서 점유 행동을 하기도 한다. 느릅나무나 참나무의 진에도 날아온다. 물가에 날아온 수컷의 행동은 그다지 빠르지 않다. 암컷은 먹이 식물 주위에서 멀리 떠나지 않고 선회 비행한다.

▲ 수컷은 날개가 노랗다. 2002. 6. 25. 주금산(경기)

◀ 암컷은 날개가 검은데, 아랫면은 은빛 광택이 난다. 2002. 6. 25. 주금산(경기)

수노랑나비

Dravira ulupi

수컷은 날개 윗면이 노란색이고, 암컷은 푸른색이 감도는 검은색을 띤다. '수노랑' 이라는 이름은 이 특징에서 비롯된다. 낮은 산지의 계곡이나 그 주변에 사는데, 암수 모두 참나무의 진에 잘 모인다. 수컷은 점유 행동이 심하지 않을 뿐만 아니라, 축축한 물가에 날아오지도 않는다. 암컷은 먹이 식물 주위에서 머무르는 경우가 많다. 어린 애벌레는 무리지어 산다. 하지만 다 자란 애벌레는 독립 생활을 한다.

- 크기 / 36~42 mm
- 출현기 / 6월 중순~8월 (연 1회)
- 서식지 / 낮은 산지의 계곡
- 암수 구별 / 수컷의 날개 윗면이 노란색이다.
- 계절형 / 없다.
- 먹이 식물 / 느릅나무과 팽나무, 풍게나무
- 월동태 / 애벌레
- 분포 / 남한 각지 (제주도 제외)

▲ 나뭇진보다 축축한 곳을 더 좋아하는 수컷. 1996. 7. 6. 해산(강원)

▶ 날개 아랫면은 은색을 띤다. 1992. 7. 16. 광덕산(강원)

은판나비

Mimathyma schrenckii

- 크기 / 46~54 mm
- 출현기 / 6월 중순~8월 (연 1회)
- 서식지 / 낙엽 활엽수림 주변
- 암수 구별 / 암컷은 앞날개 윗면 후연 쪽에 붉은 무늬가 발달한다.
- 계절형 / 없다.
- 먹이 식물 / 느릅나무과 느릅나무, 느티나무
- 월동태 / 애벌레
- 분포 / 남한 각지 (부속 섬 제외)

날개 뒷면이 은색을 띤다. 흔히 볼 수 있는 대형의 나비로 강원도에서는 개체 수가 꽤 많다. 수컷은 오전 중 습지 또는 오물에 잘 모인다. 오후에 나무 사이를 빠르게 날아다니나 특별히 점유 행동을 하지 않는다. 암컷은 느릅나무 진에 모이거나 땅에 앉기도 하며, 더운 날 오후 습지에 내려오는 경우도 있다. 암컷은 먹이 식물의 잎 윗면에 한 개씩 산란한다. 월동은 애벌레로 먹이 식물 줄기 사이에서 한다.

▲ 강원도 영월 일대에만 분포한다. 1991. 6. 23. 쌍용(강원)

밤오색나비

Mimathyma nycteis

주로 강원도 영월과 정선, 평창 일대 석회암 지대의 구릉 지대에 살며, 개체 수는 많은 편이다. 수컷은 축축한 물가에 잘 모여, 물을 먹는 외에도 참나무와 느릅나무의 진에 곧잘 모인다. 오후에 산꼭대기에서 수컷들의 점유 행동을 볼 수 있다. 암컷은 잎 위에 알을 한 개씩 낳는데, 애벌레는 은판나비와 거의 비슷하다. 날개 윗면은 검은색이지만 아랫면은 밤색을 띤다. 밤오색나비라는 이름은 날개 아랫면의 색을 딴 것이다.

- 크기 / 42~50 mm
- 출현기 / 6월 중순~8월 초 (연 1회)
- 서식지 / 석회암 지대의 구릉 지대
- 암수 구별 / 암컷은 날개 너비가 넓다.
- 계절형 / 없다.
- 먹이 식물 / 느릅나무과 느릅나무
- 월동태 / 애벌레
- 분포 / 강원도 평창, 영월, 정선 일대

▲ 날개를 접고 물을 빨아먹는 수컷.
1997. 4. 19. 화야산(경기)

▲ 보기 어려운 암컷.
1993. 5. 4. 화야산(경기)

▲ 수컷은 바위 위에 앉으면 대부분 날개를 편다.
1992. 4. 5. 화야산(경기)

- 크기 / 27~35 mm
- 출현기 / 4월 중순~6월 초 (연 1회)
- 서식지 / 낙엽 활엽수림 주변
- 암수 구별 / 암컷은 날개가 적갈색이다.
- 계절형 / 없다.
- 먹이 식물 / 느릅나무과 팽나무, 풍게나무
- 월동태 / 번데기
- 분포 / 남한 각지 (부속 섬 제외)

유리창나비

Dilipa fenestra

앞날개 끝 부분이 투명한 막질로 되어 있어 유리창이란 재미난 이름이 붙었다. 이른 봄에 출현하며 낮은 산지의 계곡, 개울가, 숲 가장자리에 산다. 수컷은 축축한 개울가의 습지에 잘 날아오며, 가느다란 억새풀 위에서 날개를 펴고 점유 행동을 하는 일이 많다. 암수 모두 단풍나무의 즙을 먹는 경우가 많다. 우리 나라의 메마른 이른 봄의 숲 속을 수놓는 아름다운 나비이다. 햇빛을 받으면 황갈색의 날개가 예쁜 꽃잎 같다.

▲ 땅바닥에 앉은 봄형 수컷. 2002. 5. 5. 주금산(경기)

▲ 막 우화한 봄형 암컷. 2001. 5. 4. 선운사(전북)

▲ 날개를 펼치고 앉은 여름형. 2002. 7. 11. 주금산(경기)

흑백알락나비

Hestina persimilis

흑갈색 바탕에 흰무늬가 들어 있는 알록달록한 날개로 날쌔게 날아다니는 나비이다. 참나무 숲이나 그 주변 계곡에 풍게나무나 팽나무가 있으면 그 위를 높게 날아다니는 모습을 쉽게 볼 수 있다. 참나무의 진이나 썩은 과일, 짐승의 배설물에 모이며, 습지에 잘 날아온다. 월동은 애벌레로 하는데, 먹이 식물 근처의 낙엽 아래에 붙어 지낸다. 애벌레의 머리는 길쭉한 한 쌍의 돌기가 나 있는데, 마치 사슴뿔 같은 모양이다.

- 크기 / 35~45 mm
- 출현기 / 봄형 5~6월, 여름형 7월 말~8월 (연 2회)
- 서식지 / 낮은 지대의 낙엽활엽수림 주변
- 암수 구별 / 암컷은 날개의 너비가 넓고 외연이 둥글다.
- 계절형 / 봄형은 날개의 흰 부위가 넓다.
- 먹이 식물 / 느릅나무과 팽나무, 풍게나무
- 월동태 / 애벌레
- 분포 / 남한 각지 (제주도, 울릉도 제외)

▲ 일광욕을 즐기는 수컷. 2001. 6. 3. 금강 유원지(충북)

- 크기 / 32~46 mm
- 출현기 / 5~6월, 7월 말~8월 (연 2회)
- 서식지 / 낮은 지대의 낙엽 활엽수림 주변
- 암수 구별 / 암컷은 날개가 크고 외연이 둥글다.
- 계절형 / 거의 없다.
- 먹이 식물 / 느릅나무과 팽나무, 풍게나무
- 월동태 / 애벌레
- 분포 / 남한 각지 (울릉도 제외)

홍점알락나비

Hestina assimilis

날개가 알록달록한 것은 비슷하나 뒷날개에 4개의 붉은 점이 뚜렷하여 흑백알락나비와 차이가 난다. 마을 주변이나 해변가의 팽나무가 많은 곳에 산다. 수컷은 나무 사이를 빠르게 날며, 오후에는 산꼭대기에서 점유 행동을 활발히 한다. 또, 참나무의 진에 잘 모이나 물가에는 오지 않는다. 암컷은 먹이 식물 잎 위에 한 개씩 산란한다. 제주도에도 분포하는데, 개체 수가 많다. 제주도 개체는 붉은 점 무늬가 크고 뚜렷하다.

▲ 옥수수밭에 날아온 수컷. 1991. 6. 23. 쌍용(강원)

왕오색나비

Sasakia charonda

대형 나비로 여름철 참나무 진에 날아오는데, 힘이 세어서 다른 곤충들을 밀어 내친다. 낮은 산지의 잡목림에 사는데, 근년에는 꽤 수가 격감한 상태이다. 수컷은 축축한 곳에 잘 날아오며, 오후에 산꼭대기에서 점유 행동을 활발히 한다. 암컷은 먹이 식물 주위를 배회하며 이따금 참나무 진에 날아온다. 날 때에는 크게 활강한다. 꽃에는 날아오지 않는다. 3령 애벌레로 월동하며 먹이 식물 주위의 나뭇잎 아래에 붙어 지낸다. 보통 북쪽 방향으로 많다.

- 크기 / 46~70 mm
- 출현기 / 6월 말~8월 (연 1회)
- 서식지 / 낮은 지대의 낙엽 활엽수림 주변
- 암수 구별 / 수컷은 작고, 날개에 보랏빛 광채가 난다.
- 계절형 / 없다.
- 먹이 식물 / 느릅나무과 팽나무, 풍게나무
- 월동태 / 애벌레
- 분포 / 남한 각지 (울릉도 제외)

▲ 날개를 펴고 일광욕하는 수컷. 2002. 7. 8. 주금산(경기)

▲ 날개를 펼치고 쉬고 있는 암컷. 2002. 7. 1. 주금산(경기)

▲ 수컷은 날개의 바탕색이 주황색이다. 2002. 7. 27. 계방산(강원)

대왕나비

Sephisa princeps

참나무 숲 주변에 살며, 흔한 나비이다. 축축한 곳에 잘 모이는데, 수컷은 밝은 곳을 선택하는 반면에 암컷은 약간 그늘진 곳을 택한다. 수컷은 산 능선이나 정상의 넓게 트인 나뭇잎 위에서 점유 행동을 한다. 암컷은 참나무 진에 날아오며, 오래 앉아 있는 경우가 많다. 직선으로 날며, 계곡 위를 활강하는 경우가 있다. 종 이름 '*princeps*'는 군주, 대왕을 의미한다.

- 크기 / 37~50 mm
- 출현기 / 6월 말~8월 (연 1회)
- 서식지 / 낮은 지대의 낙엽활엽수림 주변
- 암수 구별 / 암컷은 날개가 검다.
- 계절형 / 없다.
- 먹이 식물 / 참나무과 굴참나무, 상수리나무
- 월동태 / 애벌레
- 분포 / 남한 각지 (부속 섬 제외)

▲ 물가에 날아와 앉은 수컷. 2002. 7. 25. 천마산(경기)

▶ 나뭇진에 날아온 암컷. 1997. 8. 6. 광릉(경기)

▲ 짝짓기. 1992. 6. 14. 쌍용(강원)

◀ 날개를 펼치고 일광욕을 하고 있다. 1992. 5. 24. 청계산(경기)

애물결나비

Ypthima argus

숲 가장자리와 산록 가운데의 경작지 주변에서 흔하다. 풀 사이를 톡톡 튀듯이 가볍게 날아다닌다. 일광욕을 할 때에는 날개를 펴나 그 밖에는 대부분 날개를 접는다. 여러 꽃에 잘 날아와 꿀을 빨아먹으며, 온종일 잘 날아다니는데 약간 비가 와도 날아다닌다. 암컷은 벼과 식물의 잎이나 그 주변의 풀에 한 개씩 산란한다. 물결나비, 석물결나비와 달리 뒷날개 아랫면에 6개의 눈알 무늬가 있다.

- 크기 / 18~24 mm
- 출현기 / 5~9월 (연 2~3회)
- 서식지 / 잡초가 무성한 밝은 풀밭
- 암수 구별 / 암컷은 날개 빛깔이 엷고 약간 둥글다.
- 계절형 / 봄형이 크다.
- 먹이 식물 / 벼과 강아지풀
- 월동태 / 애벌레
- 분포 / 남한 각지 (울릉도 제외)

▲ 고사리 잎 위에서 일광욕을 하고 있다. 1999. 6. 19. 천왕사(제주)

▶ 나무딸기꽃에 날아온 수컷. 2001. 7. 7. 관음사(제주)

물결나비

Ypthima multistriata

- 크기 / 19~25 mm
- 출현기 / 5~9월 (연 2~3회)
- 서식지 / 잡초가 무성한 밝은 풀밭
- 암수 구별 / 암컷은 크고 배가 굵다.
- 계절형 / 봄형이 크다.
- 먹이 식물 / 벼과 바랭이
- 월동태 / 애벌레
- 분포 / 남한 각지 (울릉도 제외)

사는 환경은 애물결나비와 비슷하나 더 밝은 장소를 좋아한다. 언뜻 보면 애물결나비와 비슷하나, 뒷날개 아랫면의 눈 모양 무늬가 애물결나비는 6개, 이 나비는 3개로 차이가 난다. 석물결나비와도 비슷하나, 수컷의 날개 윗면에 성표가 나타나므로 구별이 어렵지 않다. 드물게 개망초나 토끼풀꽃에 오거나 썩은 과일에 모이는 경우가 있다. 날개 아랫면은 물결 모양 무늬가 발달한다.

▲ 날개를 펼치고 일광욕을 하고 있다. 2002. 6. 16. 주금산(경기)

▲ 개망초꽃에서 쉬고 있는 수컷. 2002. 6. 6. 주금산(경기)

석물결나비 *Ypthima motschulskyi*

참나무 숲이 우거진 주변 풀밭에 사는데, 물결나비와 같은 장소에 산다. 날개 아랫면 흑갈색 무늬가 두드러져 물결나비와 다르다.

▲ 고추나무꽃에서 꿀을 빨아먹고 있는 수컷. 2001. 5. 12. 원동재(강원)

- 크기 / 23~28 mm
- 출현기 / 5월 중순~6월 (연 1회)
- 서식지 / 잡목림 주변
- 암수 구별 / 암컷은 날개 빛깔이 옅고 배가 굵다.
- 계절형 / 없다.
- 먹이 식물 / 벼과 김의털
- 월동태 / 애벌레
- 분포 / 지리산 이북

외눈이지옥사촌나비

Erebia wanga

앞날개에 뱀눈 모양 무늬가 하나만 있어 외눈이라는 애칭이 붙었다. 잡목림 숲 주변에 산다. 흔히 날개를 펴고 일광욕을 하는데, 오래 끌지 않는다. 그늘진 곳에서 활동하다가 밝은 장소로 날아오지만 열 흡수가 많은 검은 날개 때문에 곧 되돌아간다. 날아와 앉을 때에는 몸을 끄덕끄덕 이동하면서 큰 동작으로 날개를 폈다 접었다 한다. 서식지 주변의 조팝나무와 얇은잎고광나무 등의 흰 꽃에 잘 모여 꿀을 빤다.

▲ 항상 날개를 접고 앉는다. 2001. 5. 12. 원동재(강원)

참산뱀눈나비

Oeneis mongolica

이른 봄 양지바른 풀밭에 산다. 마른 잎에 앉아 있는 모습이 꽤 외로워 보인다. 앉으면 낙엽의 색과 닮아 매우 찾아 내기 어렵다. 햇빛을 쪼일 때 날개를 펴지 않고 접은 채로 태양에 수직으로 누인다. 수컷은 인기척에 민감하여 5 m 정도 날아오르다 바로 풀숲에 내려앉는다. 날개의 눈알 모양의 무늬는 하나도 없는 것에서 10개까지 나타나는 개체 변이가 있다. 드물지만 조팝나무나 국수나무꽃에 날아오기도 한다.

- 크기 / 24~27 mm
- 출현기 / 4~5월 (연 1회)
- 서식지 / 양지바른 풀밭
- 암수 구별 / 암컷은 날개 빛깔이 짙고 배가 굵다.
- 계절형 / 없다.
- 먹이 식물 / 벼과 김의털
- 월동태 / 불명
- 분포 / 남한 각지 (부속 섬 제외)

▲ 현재까지 강원도 높은 산지와 한라산에만 분포한다. 2002. 5. 26. 한라산(제주)

함경산뱀눈나비 *Oeneis urda*

백두 대간의 오대산, 설악산 등지와 제주도 한라산 1300 m 이상의 건조한 풀밭에 산다. 날개 아랫면의 갈색 무늬가 참산뱀눈나비보다 짙다. 제주도 개체는 소형으로 날개 색이 더 짙은 감을 풍긴다.

▲ 일광욕을 할 때에는 날개를 비스듬히 눕힌다. 1997. 6. 7. 한라산(제주)

도시처녀나비

Coenonympha hero

한반도 내륙의 양지바른 풀밭에 흔하며, 제주도에서는 1100 m 이상의 풀밭에만 산다. 잎 위에 앉을 때에는 항상 날개를 접는다. 특히, 일광욕을 할 때에는 햇빛에 대해 비스듬히 날개를 접은 채 기울이는 습성이 있다. 엉겅퀴, 나무딸기, 개망초 등의 꽃을 잘 방문한다. 날 때에는 낮게 깔리듯 풀 사이를 헤치고 부지런히 날아다닌다. 날개 아랫면의 흰 띠 무늬가 도시에 사는 처녀의 리본 같아 보인다.

- 크기 / 18~22 mm
- 출현기 / 5월 초~6월 (연 1회)
- 서식지 / 양지바른 풀밭
- 암수 구별 / 암컷이 크고 날개 빛깔이 옅다.
- 계절형 / 없다.
- 먹이 식물 / 벼과 김의털, 검정겨이삭
- 월동태 / 불명
- 분포 / 남한 각지

▲ 건조한 풀밭에 산다. 1994. 5. 9. 남해도(경남)

시골처녀나비

Coenonympha amaryllis

- 크기 / 17~20 mm
- 출현기 / 5~6월, 8월 말 ~9월 (연 2회)
- 서식지 / 양지바른 풀밭
- 암수 구별 / 암컷은 눈알 모양 무늬가 크고 뚜렷하다.
- 계절형 / 없다.
- 먹이 식물 / 불명
- 월동태 / 불명
- 분포 / 남한 각지 (제주도, 울릉도 제외)

양지바르고 건조한 풀밭이나 남부 해안가에 산다. 주로 시골에서 볼 수 있으며 날개의 노랑색이 시골 처녀의 노랑저고리를 연상시킨다고 지어진 이름이다. 이리저리 풀 사이를 날아다니는데, 그다지 빠른 편은 아니다. 기온이 낮은 아침에 풀숲과 땅 위에서 날개를 기울여 일광욕을 할 때가 많다. 때때로 민들레 등 여러 꽃에서 흡밀한다. 예전에는 서울 근교에도 흔했으나 요사이는 꽤 보기가 힘들어졌다.

▲ 금방망이꽃에서 꿀을 빨아먹고 있는 수컷. 2001. 7. 27. 백록담(제주)

가락지나비

Aphantopus hyperantus

한라산의 1200 m 이상의 건조한 풀밭에 살며 수가 꽤 많다. 풀과 풀 사이를 쉴 사이 없이 낮게 날아다니다가 금방망이, 곰취 등의 꽃에서 꿀을 빤다. 강한 햇빛에 오랫동안 노출될 때에는 풀 사이 그늘에 들어가 쉬는 일도 있다. 산굴뚝나비와 같은 장소에서 서식하나 훨씬 활동력이 강하고 개체 수도 많다. 날개 아랫면의 작은 눈알 모양 무늬는 '가락지'와 닮아 보인다.

- 크기 / 18~22 mm
- 출현기 / 7월 말~8월 (연 1회)
- 서식지 / 양지바른 풀밭
- 암수 구별 / 암컷은 눈알 모양 무늬가 크고 뚜렷하다.
- 계절형 / 없다.
- 먹이 식물 / 벼과 김의털
- 월동태 / 애벌레
- 분포 / 제주도 한라산의 1200 m 이상의 풀밭

▲ 짝짓기. 1992. 7. 27. 제주도

- 크기 / 32~40 mm
- 출현기 / 6월 말~9월 (연 1회)
- 서식지 / 양지바른 풀밭
- 암수 구별 / 암컷은 크고 눈알 모양 무늬가 크다.
- 계절형 / 없다.
- 먹이 식물 / 여러 벼과 식물
- 월동태 / 애벌레
- 분포 / 남한 각지

굴뚝나비

Minois dryas

확 트인 길가나 목장, 무덤 주변 등 단조로운 풀밭 환경에 산다. 해변가의 낮은 지대는 물론 1000 m 이상의 높은 산지에도 분포한다. 마타리, 엉겅퀴, 꿀풀, 솔체꽃, 쉬땅나무 등의 꽃을 즐겨 찾아 꿀을 빨지만 물가에 오지 않는다. 하루 종일 쉴새없이 풀 사이를 날아다닌다. 암컷은 땅 위에 바로 떨어지게 알을 낳는 버릇이 있다. 금방 굴뚝에서 나온 듯 온통 날개 색이 검다.

▲ 화산암 위에서 휴식하고 있는 수컷. 2001. 7. 27. 백록담(제주)

산굴뚝나비

Eumenis autonoe

남한에서는 유일하게 한라산 1300 m 이상의 풀밭에서만 산다. 화산암 위에서 쉬고 있을 때가 많은데, 보호색을 띠어 찾기 어렵다. 백리향, 솔체꽃, 송이풀, 꿀풀 등의 꽃에서 꿀을 빨 때도 있다. 가락지나비와 달리 활발하게 날지 않는데, 수컷들은 풀밭에서 비교적 짧은 거리를 날다가 곧 내려앉는다. 이름은 굴뚝나비와 비슷해도 계통은 전혀 다르다. 남한에서 어떻게 한라산 고지대에만 살게 되었는지 궁금증을 더해가는 나비이다. 환경부 지정 보호종이다.

- 크기 / 28~33 mm
- 출현기 / 7~8월 (연 1회)
- 서식지 / 양지바른 풀밭
- 암수 구별 / 암컷은 크고 날개 빛깔이 다소 옅다.
- 계절형 / 없다.
- 먹이 식물 / 벼과 김의털
- 월동태 / 애벌레
- 분포 / 제주도 한라산의 1300 m 이상의 풀밭

▲ 숲 주변을 좋아한다. 2002. 6. 23. 철원(강원)

왕그늘나비 *Ninguta schrenckii*

뱀눈나비아과에서 가장 큰 종류이다. 참나무 숲 주변의 풀밭에 살며, 강원도 산지에서는 제법 흔한 나비이다. 숲 사이를 낮게 날아다니다가 앉을 때는 그늘진 곳을 택해 앉는다. 가끔 새의 배설물이나 참나무 진에 날아와 배를 채운다.

▲ 나무 줄기에 붙어 휴식을 하고 있다. 1991. 7. 20. 광릉(경기)

황알락그늘나비

Kirinia fentoni

뱀눈나비과 나비 중 날개 빛깔이 노랑기가 많은 나비로, 산지에 넓게 분포한다. 참나무 숲에 사는데, 나무 사이를 빠르게 날다가 굵은 나무 줄기에 머리를 아래로 하고 잘 앉는다. 사소한 인기척에도 날아가기 때문에 접근하기가 매우 곤란하다. 느릅나무나 참나무 진에 잘 모이나 꽃에는 모이지 않는다. 알락그늘나비와 닮았으나 날개의 외연이 둥글고 날개 아랫면의 흑갈색 선이 가늘어 구별된다. 특히 더듬이 끝 생김새가 다르다.

- 크기 / 28~36 mm
- 출현기 / 6월 말~9월 (연 1회)
- 서식지 / 산지의 잡목림 주변
- 암수 구별 / 암컷은 날개가 둥글고 날개 빛깔이 엷다.
- 계절형 / 없다.
- 먹이 식물 / 불명
- 월동태 / 불명
- 분포 / 남한 각지 (제주도 제외)

▲ 풀잎 위에서 휴식 중인 암컷. 1993. 7. 8. 광덕산(강원)

▲ 숲 속 사이로 햇빛이 비치면 영락없이 날개를 펼친다. 2002. 7. 27. 계방산(강원)

알락그늘나비 *Kirinia epimenides*

황알락그늘나비와 같이 사는 일이 많으나 약간 산지 성향을 나타낸다. 참나무 숲의 수림 속에서 천천히 날거나 산꼭대기의 암벽에 앉아 있는 경우가 많다. 수컷은 하루 중 어두울 때와 해질 무렵에 활발하게 난다.

▲ 개망초꽃에 날아와 꿀을 빨아먹고 있다.
1996. 7. 20. 계방산(강원)

◀ 바위 위를 골라 앉는다.
2002. 5. 19. 자굴산(경남)

뱀눈그늘나비

Lasiommata deidamia

바위가 많고 풀이 적은 곳이나 낭떠러지 부근, 나무가 없는 산꼭대기에 산다. 오전에 물가에 오는 경우가 있으며, 개망초와 기린초 등의 꽃에서 꿀을 빤다. 앉을 때에는 바위나 돌 위를 골라 앉는 버릇이 있다. 수컷은 서식지 주변을 왔다 갔다 하면서 점유 행동을 한다. 다른 수컷이 들어오면 맹렬히 내쫓는다. 날개에 뱀눈 무늬는 천적들을 놀라게 하거나, 혹은 공격 목표가 되게 하여 자신의 몸은 안전하게 하려는 장치이다.

- 크기 / 29~34 mm
- 출현기 / 5월 말~9월 (연 1~2회)
- 서식지 / 산지의 바위가 많은 장소
- 암수 구별 / 암컷은 날개의 흰색 부위가 넓다.
- 계절형 / 없다.
- 먹이 식물 / 불명
- 월동태 / 불명
- 분포 / 남한 각지 (제주도, 울릉도 제외)

▲ 날개에 많은 뱀눈 모양의 무늬가 있다. 1993. 7. 18. 광덕산(강원)

- 크기 / 24~29 mm
- 출현기 / 6~8월 (연 1회)
- 서식지 / 산지의 바위가 많은 장소
- 암수 구별 / 암컷은 날개가 둥글고 바탕색이 엷다.
- 계절형 / 없다.
- 먹이 식물 / 벼과 김의털
- 월동태 / 불명
- 분포 / 남한 각지 (울릉도 제외)

눈많은그늘나비

Lopinga achine

날개에 눈 모양 무늬가 가장 많은 나비이다. 참나무 숲 주변의 풀밭을 중심으로 바위벽, 산꼭대기 풀밭에서 산다. 보통 풀밭 사이의 관목림 숲에서 쉬는 일이 많다. 행동은 뱀눈그늘나비와 흡사한 점이 많다. 또, 제주도 한라산에서는 곰취와 금방망이꽃에 잘 날아오는데, 아주 밝은 한낮보다 약간 구름이 끼거나 해질 무렵에 잘 찾아온다. 한라산 개체와 육지의 개체는 약간의 생김새 차이가 난다.

▲ 먹이 식물인 제주조릿대 위에서 휴식을 하고 있다. 1999. 6. 20. 관음사(제주)

먹그늘나비

Lethe diana

숲 그늘 아래 조릿대가 많은 어두운 장소에 살며, 간혹 숲 가장자리에 나온다. 햇빛이 약하게 쬐는 나뭇잎 위에 앉아 쉬는 일이 많고, 오후에서 어두워질 때, 또는 흐린 날에 활발하게 난다. 또, 새똥에 오거나 큰까치수영꽃에 모여 꿀을 빤다. 수컷은 축축한 장소에 모이는 일이 많으며, 참나무 진에도 잘 온다. 암컷은 큰 나무에 가려진 곳을 즐겨 날아다니며 조릿대 잎 뒤에 알을 한 개씩 낳는다.

- 크기 / 23~30 mm
- 출현기 / 5월 중순~8월 (연 1~2회)
- 서식지 / 조릿대가 많은 산지
- 암수 구별 / 수컷은 앞날개 아랫면에 검은 털 성표가 있다.
- 계절형 / 없다.
- 먹이 식물 / 벼과 조릿대
- 월동태 / 애벌레
- 분포 / 남한 각지 (울릉도 제외)

▲ 풀잎 위에서 휴식을 하고 있다. 1991. 8. 6. 광릉(경기)

먹그늘나비붙이 *Lethe marginalis*

참나무 숲 가장자리에 살며, 먹그늘나비보다 개체 수가 적다. 또 먹그늘나비와 닮았으나 앞날개 아랫면의 눈알 모양 무늬가 크다. 어두울 때만 날고 밝은 낮에는 잎 위에 앉아 쉰다.

▲ 짝짓기. 2001. 7. 7. 관음사(제주)

흰뱀눈나비

Melanargia halimede

뱀눈나비 무리 가운데 날개가 흰색을 띠어서 그런지 밝은 장소를 좋아한다. 제주도의 낮은 지대와 남부 지방 일부에서 산다. 주로 억새 풀밭에 많은데, 쉴 사이 없이 풀과 풀 사이를 헤집고 날아다닌다. 암컷은 수컷에 비해 잘 날지 않으며, 풀에 붙어 쉬는 시간이 많다. 암수 모두 큰까치수영과 엉겅퀴 등의 꽃에 잘 모여 꿀을 빤다. 암컷 날개 아랫면은 약간 노랑색기가 들어 있는데, 그 정도가 꽤 심한 개체도 있다.

- 크기 / 30~39 mm
- 출현기 / 6월 중순~8월 초 (연 1회)
- 서식지 / 억새가 많은 풀밭
- 암수 구별 / 암컷은 날개 아랫면에 노란색이 감돈다.
- 계절형 / 없다.
- 먹이 식물 / 벼과 억새
- 월동태 / 애벌레
- 분포 / 전라 남도, 경상 남도 일부와 제주도의 평지

▲ 큰까치수영꽃에서 꿀을 빨아먹고 있다. 1997. 6. 22. 정개산(경기)

조흰뱀눈나비

Melanargia epimede

- 크기 / 27~35 mm
- 출현기 / 6월 중순~8월 (연 1회)
- 서식지 / 억새가 많은 풀밭
- 암수 구별 / 암컷은 날개 아랫면에 노란색이 감돈다.
- 계절형 / 없다.
- 먹이 식물 / 벼과 억새, 참억새, 김의털
- 월동태 / 애벌레
- 분포 / 남한 각지 (남해안 일대 제외), 제주도 한라산

제주도 한라산 1100 m 이상 지역과 한반도 내륙 지리산 이북 지역에 분포하여 흰뱀눈나비와 서식지가 격리되어 있다. 습성은 흰뱀눈나비와 같으나, 형태는 날개의 빛깔이 더 짙은 등의 차이가 난다. 산지의 풀밭이나 경작지 주변에서 쉴 사이 없이 날아다닌다. 간혹 큰까치수영, 꼬리풀, 둥근쥐손이풀, 곰취 등의 꽃에 잘 모인다. 앉을 때에는 날개를 접는 것이 보통이나 흐린 날에는 날개를 살짝 펴고 앉는다.

▲ 앉을 때 날개를 자주 폈다 접었다 한다. 1998. 6. 14. 검단산(경기)

부처나비

Mycalesis gotama

마을 가까이 어두운 나무 그늘 아래, 숲길, 외딴집 주변에 살며, 흔한 나비이다. 천천히 톡톡 튀듯이 날다가 나뭇잎에 앉을 때에는 날개를 접는다. 햇빛이 강할 때에는 날개를 반쯤 펼 때가 있다. 참나무의 진이나 썩은 과일에 모이나 꽃에 오는 일은 없다. 서식지에 가면 수컷끼리 서로 쫓고 쫓기는 일이 흔하다. 암컷은 잡초 사이를 낮게 날다가 먹이 식물에 앉아 배를 아래로 구부려 잎 뒤에 알을 낳는다. 보통 2~6개를 연속해서 낳는다.

- 크기 / 18~27 mm
- 출현기 / 4~10월 (연 2~3회)
- 서식지 / 마을에서 잡목림 주변까지
- 암수 구별 / 수컷 뒷날개 윗면에 갈색 털로 된 성표가 있다.
- 계절형 / 여름형은 앞날개 중앙의 눈 모양 무늬가 크다.
- 먹이 식물 / 벼과 주름조개풀, 벼, 바랭이
- 월동태 / 애벌레
- 분포 / 남한 각지 (제주도, 울릉도 제외)

▲ 그늘진 장소를 좋아한다. 2001. 6. 23. 관음사(제주)

부처사촌나비

Mycalesis francisca

- 크기 / 20~25 mm
- 출현기 / 4~10월 (연 2~3회)
- 서식지 / 마을에서 잡목림 주변까지
- 암수 구별 / 수컷 앞날개에 흑갈색, 뒷날개 윗면에 회백색 털로 된 성표가 있다.
- 계절형 / 여름형은 앞날개 중앙의 눈 모양 무늬가 크다.
- 먹이 식물 / 벼과 주름조개풀, 실새풀
- 월동태 / 애벌레
- 분포 / 남한 각지 (울릉도 제외)

흔한 나비로 숲의 내부나 가장자리에 살며, 톡톡 튀듯이 활발하게 날아다닌다. 앉을 때에는 날개를 접으나 흐린 날이나 이른 아침에는 일광욕을 하기 위하여 날개를 펴는 경우가 간혹 있다. 축축한 물가나 썩은 과일 등에 잘 모인다. 특히 흐린 날에 잘 날아다니며, 맑은 날에는 저녁 무렵에 활발하다. 부처나비와 비슷하나 앉을 때 날개 아랫면의 띠 무늬를 보면, 부처나비는 황백색, 부처사촌나비는 보라색을 나타낸다.

팔랑나비과 Hesperiidae

우리 나라에 수리팔랑나비아과, 흰점팔랑나비아과, 팔랑나비아과가 알려져 있다.

푸른큰수리팔랑나비

왕팔랑나비

흰점팔랑나비

참알락팔랑나비

수풀떠들썩팔랑나비

유리창떠들썩팔랑나비

왕자팔랑나비

◇ 수리팔랑나비아과에는 3종이 있는데, 나는 속도가 매우 빠르다.
◇ 흰점팔랑나비아과는 풀밭과 산림 경계부에 많으며, 애벌레는 먹이 식물을 싸서 자신을 보호하는 습성이 있다.
◇ 팔랑나비아과는 풀밭에 사는 종류들로 이루어져 있으며, 애벌레들은 먹이 식물의 잎을 세로로 길게 말아 그 속에서 지내는 습성이 있다.

생활사

알 밑면이 편평한 반구형인데, 확대해 보면 표면이 융기된 모습을 하고 있다. 알은 보통 하나씩 낳는데, 왕자팔랑나비는 자신의 배 털로 덮는 습성이 있다.

애벌레 길다란 원통 모양인데, 자세히 보면 머리와 몸에 털이 나 있는 종류도 있다. 대개 머리는 검은색이고 몸은 회백색이다.

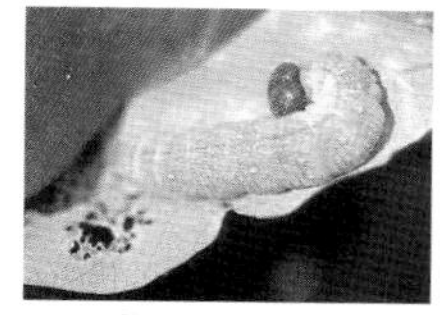
왕팔랑나비 애벌레
2000. 9. 17. 내장산(전북)

대왕팔랑나비 애벌레
2000. 5. 27. 광덕산(강원)

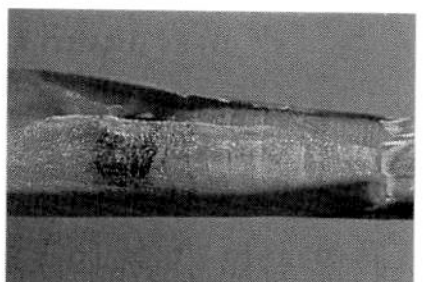
산줄점팔랑나비 애벌레
1993. 5. 16. 주금산(경기)

번데기 번데기는 대용이다. 보통 가늘고 긴 형태로 머리에 돌기를 가지고 있는 경우가 있다.

▲ 비를 피하기 위해 잎 뒤에 숨은 수컷. 2001. 7. 20. 오대산(강원)

독수리팔랑나비

Bibasis aquilina

대형의 팔랑나비로 강원도 산지에 분포한다. 잡목림 주변에 살며, 더운 낮 동안에는 잘 날아다니지 않는다. 오후에 피나무와 개망초 등의 흰 꽃에 잘 날아오며, 수컷은 물가의 축축한 곳에 모인다. 나는 힘이 힘차기 때문에 날아 지나갈 때 날개 부딪는 소리가 들린다. 암컷은 보기 어려운데, 꽃을 집중적으로 살피면 꿀을 빨아먹는 것을 볼 수 있다. 속 이름 '*Bibasis*'는 머리의 아랫입술 수염 2개가 앞으로 뻗쳐 나온 특징을 나타낸다.

- 크기 / 21~24 mm
- 출현기 / 6월 말~8월 초 (연 1회)
- 서식지 / 산지의 잡목림 주변
- 암수 구별 / 암컷의 앞날개에 흰무늬가 발달한다.
- 계절형 / 없다.
- 먹이 식물 / 불명
- 월동태 / 불명
- 분포 / 강원도 산지

▲ 금방망이꽃에서 꿀을 빨아먹고 있는 암컷. 2001. 7. 23. 백록담(제주)

푸른큰수리팔랑나비

Choaspes benjaminii

- 크기 / 25~31 mm
- 출현기 / 봄형 5~6월 중순, 여름형 7월 말~8월 (연 2회)
- 서식지 / 난대림 주변
- 암수 구별 / 암컷이 크고, 뒷날개 윗면 외연이 검다.
- 계절형 / 여름에 발생하는 개체는 푸른색이 강해진다.
- 먹이 식물 / 나도밤나무과 나도밤나무, 합다리나무
- 월동태 / 번데기
- 분포 / 전라 남북도와 경상남도 일부, 서해안 일부 섬(제주도 포함)

온몸이 초록색을 띠며, 뒷날개 아래에만 붉은 무늬가 나는 대형의 팔랑나비이다. 남쪽의 난대림이 혼재하는 계곡 주변에서 산다. 수컷은 산꼭대기나 우거진 나무숲 사이의 일정 공간을 왕복하여 나는 습성이 있는데, 아주 빠르다. 나무딸기, 아까시나무, 곰취 등의 꽃에 잘 날아오며, 쇠똥이나 새똥에도 잘 모인다. 한 번 앉으면 오래 자리 잡는다. 보통 몸이 무거워 아래에 매달리는 때가 많다. 더듬이의 끝은 날카롭게 뾰족한 느낌이 들고, 입을 뻗으면 꽤 긴 특징이 있다.

▲ 날개를 펼치고 꿀을 빨아먹고 있다. 1992. 6. 6. 쌍용(강원)

▲ 토끼풀꽃에서 꿀을 빨아먹고 있다. 1998. 5. 31. 해산(강원)

왕팔랑나비

Lobocla bifasciata

산지의 참나무 숲 주변이나 야산의 아까시나무가 많은 장소에서 사는데, 간혹 가정 집 안에도 날아 들어오기도 한다. 수컷은 낮게 빙빙 도는 모습으로 활발하게 날아다닌다. 꿀풀, 엉겅퀴, 개망초, 아까시나무 등의 꽃에 잘 모여 꿀을 빤다. 암컷은 주로 어두운 그늘 사이로 천천히 날면서 먹이 식물에 산란한다. 대왕팔랑나비보다는 작고, 왕자팔랑나비보다 커 세 종류의 이름이 잘 어울린다. 애벌레는 싸리 등의 잎을 위 아래로 포개어 그 안에서 지낸다.

- 크기 / 22~29 mm
- 출현기 / 5월 말~7월 초 (연 1회)
- 서식지 / 야산이나 마을 주변
- 암수 구별 / 수컷은 앞날개 전연부 접힌 부분이 희다.
- 계절형 / 없다.
- 먹이 식물 / 콩과 풀싸리, 칡, 아까시나무
- 월동태 / 애벌레
- 분포 / 남한 각지 (제주도, 울릉도 제외)

▲ 쉬땅나무꽃에서 꿀을 빨아먹고 있는 수컷.
1996. 8. 1. 오대산(강원)

▶ 산꼭대기에서 점유 행동을 하고 있는 수컷.
1999. 7. 5. 축령산(경기)

- 크기 / 28~34 mm
- 출현기 / 6월 말~8월 (연 1회)
- 서식지 / 산지의 계곡
- 암수 구별 / 암컷은 크고 흰 띠의 너비가 넓다.
- 계절형 / 없다.
- 먹이 식물 / 운향과 황벽나무
- 월동태 / 애벌레
- 분포 / 지리산 이북

대왕팔랑나비

Satarupa nymphalis

대형의 팔랑나비로 아마 우리 나라 팔랑나비들 중 가장 큰 것으로 보인다. 날개의 흰색 띠무늬가 크고 뚜렷하다. 강원도 산간 지역에 많은데, 황벽나무가 서식하는 장소에 산다. 물가에서 물을 먹거나 큰까치수영과 쉬땅나무의 꽃에서 꿀을 빤다. 수컷은 산꼭대기에서 점유 행동을 하는데, 힘차게 주변을 선회한다. 월동은 먹이 식물의 잎을 엮은 속에서 애벌레로 지낸다. 배 아랫면은 흰색 분을 칠한듯 이채롭다.

▲ 지느러미엉겅퀴꽃에서 꿀을 빨아먹고 있다.
1999. 6. 3. 강촌(강원)

◀ 뒷날개의 흰 띠가 넓은 것은 제주도 개체이다.
2002. 5. 25. 저지리(제주)

왕자팔랑나비

Daimio tethys

흑갈색 날개에 반투명한 흰 점무늬가 있다. 제주도산 개체는 뒷날개 중앙에 흰 띠가 두드러지게 발달한다. 날개를 편 채로 짝짓기를 하며, 나뭇잎 아래에 숨기 때문에 잘 눈에 띄지 않는다. 엉겅퀴 등의 꽃에 올 때에도 항상 날개를 편다. 애벌레는 먹이 식물의 잎을 둥그렇게 잘라 위를 덮고 그 속에서 지낸다. 날 때에는 빠르기는 하지만 좀 무거워 보인다. 이들 종류는 날개에 비해 몸이 크기 때문에 빠른 날갯짓이 아니면 사실 잘 날 수 없다.

- 크기 / 17~21 mm
- 출현기 / 5~8월 (연 2~3회)
- 서식지 / 잡목림 숲 주변
- 암수 구별 / 배 끝을 보고 확인하는 것이 좋다.
- 계절형 / 없다.
- 먹이 식물 / 마과 마, 참마, 국화마
- 월동태 / 애벌레
- 분포 / 남한 각지 (울릉도 제외)

▲ 꽃에서 꿀을 빨아먹고 있는 수컷. 1993. 5. 9. 화야산(경기)

▶ 돌 위에서 일광욕을 하고 있는 암컷. 2002. 4. 28. 화야산(경기)

- 크기 / 15~20 mm
- 출현기 / 4~5월 (연 1회)
- 서식지 / 잡목림 숲 주변
- 암수 구별 / 암컷 앞날개 윗면 중앙이 희다.
- 계절형 / 없다.
- 먹이 식물 / 참나무과 떡갈나무, 신갈나무
- 월동태 / 애벌레
- 분포 / 남한 각지 (제주도, 울릉도 제외)

멧팔랑나비

Erynnis montana

참나무가 많은 숲에서 이른 봄에만 잠깐 보인다. 평지에서 산지의 수림 내의 산길에서 사는데, 숲이 우거진 곳보다는 확 트인 장소를 좋아한다. 줄딸기, 제비꽃, 고추나무 등의 꽃에 잘 모여 꿀을 빨며, 이 때 날개를 펴고 앉았다가 오래 머물지 않고 곧 다른 꽃으로 이동한다. 수컷은 습지에 모이거나 낙엽 위에 앉아 일광욕을 할 때가 많다. 생김새가 나방과 닮아 눈길을 별로 끌지 못한다.

▲ 축축한 땅 위에서 물을 먹는다. 2002. 4. 21. 단양군 유암리(충북)

꼬마흰점팔랑나비

Pyrgus malvae

풀밭이나 경작지 주변에 살며, 솜방망이와 민들레꽃에 잘 모인다. 흰점팔랑나비보다 산지성을 보이는 경향이 있다. 맑은 날에는 돌이나 풀 위에 앉아 일광욕을 하거나 낮게 날아다니는 경우가 많다. 흐린 날에는 거의 날지 않는다. 앉을 때에는 날개를 수평으로 펴는 것이 보통인데, 햇빛이 강해지면 날개를 약간 접는다. 한 해에 한 번 나타나는데, 흰점팔랑나비는 두 번 나타난다.

- 크기 / 11~14 mm
- 출현기 / 4~5월 (연 1회)
- 서식지 / 양지바른 풀밭
- 암수 구별 / 수컷은 앞날개 전연부의 접힌 부분이 황갈색이다.
- 계절형 / 없다.
- 먹이 식물 / 불명
- 월동태 / 불명
- 분포 / 남한 각지 (부속 섬 제외)

▲ 개망초꽃에 날아와 앉은 여름형 수컷. 1992. 7. 26. 노형동(제주)

흰점팔랑나비

Pyrgus maculatus

- 크기 / 12~16 mm
- 출현기 / 봄형은 4~5월, 여름형은 7월 중순~8월 (연 2회)
- 서식지 / 양지바른 풀밭
- 암수 구별 / 수컷은 앞날개 전연부의 접힌 부분이 황갈색이다.
- 계절형 / 여름형은 날개의 흰 점이 작다.
- 먹이 식물 / 장미과 딱지꽃
- 월동태 / 불명
- 분포 / 남한 각지 (울릉도 제외)

검은 날개에 흰 점이 빼곡한 이 나비는 양지바른 풀밭에 산다. 높이 날지 않고 땅 위를 호로록 살며시 날아 솜방망이, 민들레, 양지꽃 등에 잘 모인다. 가끔 습지에 모여 물을 빠는 경우가 있다. 풀잎 위나 산길의 맨땅에 날아와 날개를 펴고 앉으며, 날개를 접는 일은 드물다. 꼬마흰점팔랑나비와는 날개 아랫면의 무늬가 다르다. 제주도에 많은 오름의 넓은 풀밭에 많은 수가 살아간다. 사실 오름들은 목장으로 개발된 곳이 많아 이 나비가 서식하기에 아주 적합하다.

은줄팔랑나비

Leptalina unicolor

평지나 낮은 산지의 하천과 습지 등 풀밭에 살며 드물게 본다. 과거에 많았던 장소에 가 보아도 발견하기 어렵다. 풀밭 위를 톡톡 튀듯이 나는데, 자세히 보면 날면서도 날개를 폈다 접었다 한다. 봄형은 뒷날개 아랫면의 은백선 띠가 뚜렷하고, 여름형은 잘 구별되지 않는다.

◀ 마른 풀잎 위에서 휴식을 취하고 있다.
1995. 5. 18. 계방산(강원)

▲ 수컷의 날개는 노란색을 띤다. 1997. 6. 6. 오대산(강원)

▶ 쥐오줌풀꽃에 날아온 암컷. 1995. 5. 20. 계방산(강원)

- 크기 / 12~16 mm
- 출현기 / 5~6월 초 (연 1회)
- 서식지 / 높은 산지의 양지바른 풀밭
- 암수 구별 / 수컷 날개는 노란색이나 암컷은 흑갈색이다.
- 계절형 / 없다.
- 먹이 식물 / 벼과 기름새
- 월동태 / 애벌레
- 분포 / 전라 북도 지리산 이북

수풀알락팔랑나비

Carterocephalus silvicola

수컷의 날개는 노란색 바탕에 흑갈색이 퍼진 무늬이나 암컷은 노란색 부위가 축소되어 있어서 검게 보인다. 주로 경기도와 강원도의 1000m 이상 높은 산지의 풀밭에 산다. 고추나무, 병꽃나무, 엉겅퀴, 토끼풀, 꿀풀 등 여러 꽃에 모여 꿀을 빤다. 주로 맑은 날에 활동하며, 풀잎 위에서 일광욕을 할 때가 많다. 수컷은 수풀 사이의 공간을 이리저리 빠르게 날아다니다가 축축한 땅에 잘 앉는다.

▲ 풀잎 위에서 일광욕을 하고 있는 수컷. 1999. 5. 9. 명성산(경기)

참알락팔랑나비

Carterocephalus dieckmanni

봄에 나타나는 팔랑나비로 주로 경기도, 강원도 산지의 풀밭에 산다. 날개 아랫면에 은점무늬가 반짝인다. 맑은 날 수컷은 축축한 곳에 날아와 물을 빨기도 하며, 오전 중 햇빛이 강하게 내리쬐면 낮은 풀 위에서 날개를 활짝 펴고 점유 행동을 한다. 개망초와 엉겅퀴 등의 꽃에 잘 모이며, 개체 수가 퍽 많다. 설악산과 같은 높은 산지에서는 오전 중에 날아다니며, 연녹색의 산기슭에 깜찍하게 날아다닌다.

- 크기 / 15~17 mm
- 출현기 / 5~6월 초 (연 1회)
- 서식지 / 높은 산지의 양지바른 풀밭
- 암수 구별 / 암컷이 크고 배가 굵다.
- 계절형 / 없다.
- 먹이 식물 / 벼과 기름새
- 월동태 / 불명
- 분포 / 전라 북도 지리산 이북

▲ 날개 윗면에 흰 점무늬가 눈에 띈다.
1996. 6. 15. 영월(강원)

▶ 꿀풀꽃에서 꿀을 빨아먹고 있다.
1995. 6. 7. 영월(강원)

- 크기 / 16~21 mm
- 출현기 / 5~8월 (연 2회)
- 서식지 / 양지바른 풀밭
- 암수 구별 / 암컷이 크고 배가 굵다.
- 계절형 / 없다.
- 먹이 식물 / 벼과 기름새
- 월동태 / 애벌레
- 분포 / 남한 각지 (부속 섬 제외)

돈무늬팔랑나비

Heteropterus morpheus

뒷날개 아랫면에 동전 같은 원형 무늬가 있다. 산지와 접해 있는 풀밭 주변에 살며, 간혹 벌채된 장소에서도 눈에 띈다. 요사이 수가 퍽 줄어들었다. 날 때에는 톡톡 튀듯이 날다가 풀 위에 날개를 접고 앉는데, 햇빛이 강하게 비치면 날개를 펴고 일광욕을 한다. 개망초와 조뱅이꽃에서 꿀을 빤다. 먼거리를 이동할 때도 있는데, 큰 저수지의 물 위를 낮게 날아 넘어가는 것을 관찰한 적이 있다.

▲ 날개 아랫면 무늬는 알록달록하다. 2002. 8. 2. 설악산 신선봉(강원)

◀ 파리처럼 작다. 2002. 6. 15. 주금산(경기)

파리팔랑나비

Aeromachus inachus

앞날개 윗면은 흑갈색 바탕에 작은 점무늬가 열을 지어 있고, 팔랑나비 무리 중 가장 작다. 벌채가 된 장소나 나무가 적은 숲 가장자리, 또는 하천 주변에 산다. 잎 위에 앉을 때 날개를 접으나 햇빛이 강해지면 뒷날개는 반쯤 편다. 이 때 수컷은 점유 행동을 심하게 한다. 간혹 수컷은 습지에 모이며, 암수 모두 개망초꽃에 날아온다. 원래 이 나비의 이름은 '글라이더팔랑나비'였는데, 나는 모양을 보고 석주명 선생이 지었다.

- 크기 / 10~14 mm
- 출현기 / 강원도 지역 6월 초~7월, 그 밖의 지역 6~7월, 8~9월 (연 1~2회)
- 서식지 / 양지바른 풀밭
- 암수 구별 / 암컷이 크고, 날개의 흰무늬가 크다.
- 계절형 / 없다.
- 먹이 식물 / 불명
- 월동태 / 불명
- 분포 / 남한 각지 (제주도, 울릉도 제외)

▲ 앉을 때에는 뒷날개는 펼치고 앞날개는 반쯤 펼친다.
2000. 7. 9. 영월(강원)

▶ 풀잎 위에서 점유 행동을 하고 있는 수컷.
2000. 7. 9. 영월(강원)

- 크기 / 18~22 mm
- 출현기 / 7~8월 중순 (연 1회)
- 서식지 / 양지바른 풀밭
- 암수 구별 / 암컷이 크다.
- 계절형 / 없다.
- 먹이 식물 / 불명
- 월동태 / 불명
- 분포 / 전라 북도 지리산 이북

지리산팔랑나비

Isoteinon lamprospilus

활엽수림 내의 넓은 빈터나 산지의 계곡 사이, 밭과의 경계가 되는 풀밭 등지에 산다. 산림성 나비로, 그리 흔한 나비는 아니다. 엉겅퀴, 큰까치수영, 조이풀 등의 꽃에서 꿀을 빨며, 수컷은 드물게 물가에도 날아온다. 맑은 날 수컷은 날개를 반쯤 편 상태로 점유 행동을 강하게 하는데, 그 정도가 매우 심하다. 처음 이 나비가 채집된 곳이 지리산이어서 이런 이름이 생겼다.

▲ 산 길가에 많은데, 작아서 날아가면 찾아내기 어렵다. 1999. 7. 5. 축령산(경기)

줄꼬마팔랑나비

Thymelicus leoninus

날씨가 맑은 날 산지의 밝은 길가나 계곡 등지의 풀밭에서 빠르게 날아다니는 나비이다. 날개는 노란색인데, 날개 맥이 검고 뚜렷하다. 개망초, 큰까치수영, 갈퀴나물의 꽃에 잘 모인다. 빠르게 날기 때문에 주의해서 보지 않으면 시야에서 사라지는 경우가 많다. 수컷은 물가의 축축한 곳에도 잘 모인다. 종 이름 '*leoninus*'는 라틴어로, 사자(lion)의 모양을 한다는 뜻이다. 하지만 생김새나 활동하는 모습으로 보아 전혀 어울리지 않다.

- 크기 / 14~16 mm
- 출현기 / 6월 말~8월 (연 1회)
- 서식지 / 양지바른 산지의 풀밭
- 암수 구별 / 수컷은 앞날개에 선 모양의 검은색 성표가 있다.
- 계절형 / 없다.
- 먹이 식물 / 불명
- 월동태 / 불명
- 분포 / 남한 각지 (부속 섬 제외)

▲ 수컷 앞날개에 줄 모양의 성표가 나타나지 않는다. 2001. 7. 20. 오대산(강원)

- 크기 / 14~17 mm
- 출현기 / 6월 말~8월 (연 1회)
- 서식지 / 양지바른 산지의 풀밭
- 암수 구별 / 암컷의 배가 굵다.
- 계절형 / 없다.
- 먹이 식물 / 벼과 기름새
- 월동태 / 불명
- 분포 / 남한 각지 (부속 섬 제외)

수풀꼬마팔랑나비

Thymelicus sylvaticus

줄꼬마팔랑나비와 매우 흡사하나 수컷의 앞날개에 선 모양의 성표가 없다. 두 종이 같이 사는 지역에서는 이 종 쪽이 1주일 앞서 나타난다. 암수 모두 개망초, 엉겅퀴, 큰까치수영, 타래난초 등의 꽃에서 꿀을 빨며, 수컷은 축축한 땅에 잘 모인다. 수컷은 맑은 날 아침에 심한 점유 행동을 한다. 이 때 여러 마리가 뒤엉켜 날아다니는 모습이 꽤 어지럽다. 암컷은 먹이 식물 잎에 하나씩 알을 낳는다.

▲ 짝짓기. 2001. 8. 14. 쌍용(강원)

꽃팔랑나비

Hesperia comma

건조한 풀밭에 살며, 한라산 정상 부위나 강원도 산지에 가면 볼 수 있다. 7월 말에 출현하는데, 유사종보다는 약간 늦게 발생하는 편이다. 암수 모두 곰취, 갈퀴나물, 엉겅퀴, 큰까치수영 등의 꽃에서 꿀을 빨며, 수컷은 물가나 쇠똥에도 잘 모인다. 또, 수컷은 빠르게 날면서 점유 행동을 하는데, 매우 활발하다. 짝짓기는 오전 중에 이루어지는 경우가 많은데, 서로 머리를 반대로 향한다. 이 때는 인기척에 덜 민감하다.

- 크기 / 14~19 mm
- 출현기 / 7월 말~8월 (연 1회)
- 서식지 / 양지바른 산지의 풀밭
- 암수 구별 / 수컷 앞날개 중앙에 성표가 나타난다.
- 계절형 / 없다.
- 먹이 식물 / 불명
- 월동태 / 불명
- 분포 / 경기도, 강원도 일부와 제주도

▲ 엉겅퀴꽃에서 꿀을 빨아먹고 있는 수컷. 1995. 7. 21. 태백산(강원)

수풀떠들썩팔랑나비

Ochlodes venatus

- 크기 / 15~20 mm
- 출현기 / 6월 중순~8월 초 (연 1회)
- 서식지 / 양지바른 산지의 풀밭
- 암수 구별 / 수컷 앞날개 중앙에 성표가 나타난다.
- 계절형 / 없다.
- 먹이 식물 / 벼과 왕바랭이
- 월동태 / 불명
- 분포 / 남한 각지 (울릉도 제외)

산지의 풀밭에 살며 흔하다. 풀 위를 빠르게 날면서 갈퀴나물, 큰까치수영, 엉겅퀴 등의 꽃에서 꿀을 빤다. 수컷은 습지에 모이거나 새똥 등에도 잘 모이며, 낮은 키의 풀잎 위에서 점유 행동을 할 때가 많다. 보통 팔랑나비과 나비들은 휴식을 할 때에는 뒷날개를 수평으로 하고 앞날개를 반쯤 접는 독특한 자세를 취한다. 나는 모양이 유난히 까불거려 '떠들썩' 이란 재미난 이름이 붙었다.

▲ 엉겅퀴꽃에서 꿀을 빨아먹고 있다.
1997. 6. 21. 대부도(경기)

◀ 앞날개에 막질로만 된 부분이 있다.
2001. 7. 26. 관음사(제주)

유리창떠들썩팔랑나비

Ochlodes subhyalina

앞날개에 비늘가루가 없고 막질로만 된 부분이 있어, 이 부분을 유리창이라고 한다. 산지나 마을, 경작지 주변의 풀밭에 꽤 흔한 종이다. 수컷은 물가나 새똥 등에 모이거나 오후 늦게 점유 행동을 심하게 하는데, 여러 마리가 어우러질 때가 많다. 암수 모두 고삼, 갈퀴나물, 엉겅퀴 등의 꽃에서 꿀을 빤다. 제주도에는 350~1300 m 사이의 풀밭에 흔한데, 크기가 육지 개체보다 작다.

- 크기 / 18~23 mm
- 출현기 / 6월 중순~8월 초 (연 1회)
- 서식지 / 양지바른 산지의 풀밭
- 암수 구별 / 수컷 앞날개 중앙에 성표가 나타난다.
- 계절형 / 없다.
- 먹이 식물 / 벼과
- 월동태 / 불명
- 분포 / 남한 각지 (울릉도 제외)

▲ 엉겅퀴꽃을 좋아하여 잘 모여든다. 2001. 6. 26. 영실(제주)

검은테떠들썩팔랑나비

Ochlodes ochraceus

- 크기 / 12~16 mm
- 출현기 / 6월 중순~7월 (연 1회)
- 서식지 / 산지의 풀밭
- 암수 구별 / 암컷은 노란색 무늬가 축소된다.
- 계절형 / 없다.
- 먹이 식물 / 벼과 큰기름새
- 월동태 / 불명
- 분포 / 남한 각지 (울릉도 제외)

산지의 길가나 숲 속의 공간, 숲 가장자리에서 산다. 보통 빠르게 날면서 큰까치수영, 개망초, 엉겅퀴 등의 꽃에서 꿀을 빤다. 엉겅퀴꽃을 특히 좋아하며 한 꽃에 여러 마리가 모여 있는 경우가 흔하다. 맑은 날 수컷은 풀 위에서 날개를 반쯤 편 채로 앉아서 점유 행동을 하는데, 침입자를 심하게 뒤쫓는 모습을 볼 수 있다. 가끔 길 위의 습한 장소에 앉아 물을 먹는 일이 많다. 날개 외연의 검은 띠가 독특하게 생겼다.

▲ 칡 잎 위에서 강하게 점유 행동을 하고 있는 수컷. 2000. 7. 9. 영월(강원)

황알락팔랑나비

Potanthus flavus

평지에서 낮은 산지에 이르는 풀밭이나 숲 안의 공간, 산길 등에 많이 산다. 암수 모두 큰까치수영, 개망초, 꿀풀, 토끼풀 등의 꽃에 잘 모이며 빠르게 날아다닌다. 수컷은 앞날개를 반쯤 펴서 잎 위에 앉아 일광욕을 하는 경우가 많으며, 습지나 오물에도 날아와 앉는 경우가 종종 있다. 수컷은 나뭇잎 위에 앉아 점유 행동도 심하게 한다. 근처에 다른 수컷이 날아오면 빠르게 날아 쫓아낸다.

- 크기 / 12~15 mm
- 출현기 / 6월 중순~8월 (연 1회, 경기도 섬, 남해안, 제주도는 연 2회)
- 서식지 / 평지나 산지의 풀밭
- 암수 구별 / 수컷은 앞날개의 갈색 부위에 성표가 있다.
- 계절형 / 여름형이 작다.
- 먹이 식물 / 벼과 큰기름새
- 월동태 / 불명
- 분포 / 남한 각지 (울릉도 제외)

▲ 날개를 펼치고 일광욕을 하고 있다. 1996. 7. 31. 오대산(강원)

▲ 개망초꽃에 날아온 수컷. 1993. 7. 19. 해남(전남)

산팔랑나비 *Polytremis zina*

억새가 많은 곳에 산다. 7~8월에 출현하며, 큰까치수영 등의 꽃에 잘 날아온다. 뒷날개 아랫면의 흰 점무늬는 지그재그 모양을 한다.

▲ 풀잎 위에서 점유 행동을 하고 있는 수컷. 2000. 7. 22. 안덕계곡(제주)

제주꼬마팔랑나비

Pelopidas mathias

제주도와 남부 해안의 풀밭이나 해변가에서 가까운 풀밭에 사는데, 가끔 서식지에서 멀리 떨어진 곳까지 이동하기도 한다. 가장 북쪽에서 발견된 곳은 전남 광주이다. 암수 모두 엉겅퀴 등 여러 꽃에 모여 꿀을 빤다. 수컷은 맑은 날 오전에 일광욕을 하거나 점유 행동을 하기도 한다. 또, 바위 위의 새똥에 날아와 먹거나 축축한 습지를 잘 찾아온다. 눈깜짝할 사이에 날아가기 때문에 관찰할 때에는 매우 조심스럽다. 월동태는 알려지지 않았으나 제주도에서는 애벌레로 겨울을 날 것으로 추정된다.

- 크기 / 13~19 mm
- 출현기 / 5~9월 (연 2~3회)
- 서식지 / 평지나 해안가의 풀밭
- 암수 구별 / 수컷은 앞날개에 선 모양의 성표가 있다.
- 계절형 / 없다.
- 먹이 식물 / 벼과 강아지풀
- 월동태 / 불명
- 분포 / 남해안과 제주도

▲ 봄에 풀밭 위를 날아다니는 팔랑나비. 2001. 5. 20. 쌍용(강원)

- 크기 / 18~22 mm
- 출현기 / 4월 말~8월 (연 2회)
- 서식지 / 산지의 양지바른 풀밭
- 암수 구별 / 암컷이 크고, 날개의 흰무늬가 발달한다.
- 계절형 / 여름 개체들이 크다.
- 먹이 식물 / 벼과 참억새
- 월동태 / 번데기
- 분포 / 남한 각지 (부속 섬 제외)

산줄점팔랑나비

Pelopidas jansonis

산기슭 또는 양지바른 풀밭에 사는 흔한 나비이다. 뒷날개 아랫면에 일렬로 배열된 흰무늬 밖에도 날개 기부 쪽으로 흰무늬가 하나 더 나타나 유사종들과 차이가 난다. 수컷들은 마른 풀이나 풀잎 위에 앉아 날개를 반쯤 편 상태로 점유 행동을 하는 경우가 많다. 이 때, 여러 마리가 어우러져 날면서 이리저리 몰려다닌다. 엉겅퀴, 산철쭉 등의 꽃에서 꿀을 빤다. 이 경우 꽤 오랜 시간 앉아 있으면서 꽃 위를 옮겨 다니기도 한다.

▲ 가을에 수가 급증한다. 1992. 9. 20. 금강(충남)

줄점팔랑나비

Parnara guttata

다른 나비들이 없어지는 8월 말 이후 급증한다. 남쪽에서 북쪽으로 확산되어 이동하는 것으로 보인다. 뒷날개 아랫면의 흰무늬가 줄지어 배열한다. 마을 주변이나 밭과 논, 그리고 하천 주변에 산다. 집 정원에 핀 국화와 메밀, 또는 야생화인 고마리 등 여러 꽃에 잘 모인다. 여러 마리가 떼지어 날아다니는 일이 많다. 벼의 해충으로 알려져 있으나 큰 피해를 입히는 것 같지 않다. 가을에 핀 국화를 방문하는 일이 많아 가을 나비라 부를만 하다.

- 크기 / 17~21 mm
- 출현기 / 5월 말~11월 (연 2~3회)
- 서식지 / 산지의 양지바른 풀밭
- 암수 구별 / 암컷이 크고, 날개의 흰무늬가 발달한다.
- 계절형 / 여름 개체들이 크다.
- 먹이 식물 / 벼과 벼, 강아지풀
- 월동태 / 불명
- 분포 / 남한 각지

나방편

나방은 나비목의 90% 이상을 차지한다.
대부분 밤에 활동하나
나비처럼 낮에 적응한 무리도 많다.
생김새가 나비 못지않게 아름다운 나방도 많다.
우리 나라에 3000종 정도가 기록되어 있는데,
매년 10종 이상이 새로이 밝혀지고 있다.

· 야행성 나방

나방은 대부분 밤에 활동할 수 있도록 진화된 무리이다. 마치 밤에 돌아다니는 야생 동물처럼 눈에서 빛이 반사된다. 밤에 단파장의 등불을 켜면 달려드는 습성이 있다. 낮과 똑같이 밤에도 꽃이 핀 곳에 가 보면 꿀을 빨아먹거나 물가에 모여 물을 먹는 종류가 꽤 많다.

◀ 선녀밤나방

· 주행성 나방

나비처럼 낮에 날아다니는 나방을 말한다. 어떤 종류는 나비와 꽤 닮았는데, 의태 현상인 것으로 보인다. 앉을 때 날개를 접거나 꽃에 날아올 때, 또는 물가에서 물을 먹을 때에도 나비처럼 행동한다.

◀ 여덟무늬알락나방

· 나비와 나방의 차이

첫째, 나비는 낮에, 나방은 밤에 난다는 점이다. 나비가 낮에 한가롭게 꽃과 어울려 날개의 예쁜 무늬를 한껏 뽐낼 때, 나방은 으스스한 밤에 난다.

둘째, 앉아 있는 모습이 다르다. 나비는 특별한 경우를 제외하고는 날개를 접고 앉으나 나방은 날개를 지붕처럼 펴고 앉는다.

셋째, 더듬이의 형태가 다르다. 나비는 더듬이의 끝이 부풀어 전체로 곤봉 모양이나 나방은 실 모양, 빗살 모양, 톱니 모양, 갈고리 모양 등 다양하다.

넷째, 앞날개와 뒷날개를 연결하는 구조가 나비에게는 없으나 나방에게는 있다. 앞날개의 동력이 뒷날개를 움직이는 힘으로 작용하고, 효율적으로 날아다니기 위해서는 날개 사이에 가시 같은 연결 구조가 나방에게는 필수적이다.

위의 차이점이 완벽하게 나비와 나방의 차이를 가르는 기준이라고는 말할 수 없다. 편의상 또는 관습상 나누었을 뿐이다.

애호랑나비 회색붉은뒷날개나방

박쥐나방과 Hepialidae

나방 중에 가장 원시적인 그룹으로, 앞날개와 뒷날개의 형태와 시맥이 같은 것이 특징이다. 엄지벌레는 해질 무렵에 마치 박쥐처럼 날아다닌다. 애벌레는 풀줄기, 나무 줄기나 가지를 뚫고 들어가서 입구에 똥과 실을 엮어 막아 놓는 특이한 습성을 가지고 있다.

▲ 1985. 9. 18. 상일동(서울)

박쥐나방

Endoclyta excrescens 날개 편 길이 55~100 mm

더듬이는 짧고, 입은 퇴화되어 있다. 아랫입술 수염도 거의 소실된다. 깨끗한 개체는 앞날개에 녹색을 띠는 부분이 있다. 해질 무렵에 날아다니며 등불에 유인된다. 엄지벌레는 9~10월에 한 번 발생한다. 경기도와 강원도에 분포한다.

곡나방과 Incurvalidae

날개를 편 길이의 2~4배 정도 큰 더듬이를 가지고 있다. 보통 암컷 쪽이 더듬이가 짧다. 낮에 날아다니며, 꽃에 잘 날아온다. 앉을 때 긴 더듬이를 계속 움직이는 모습이 아주 인상적이다. 날 때에도 긴 더듬이가 희끗희끗 눈에 잘 띈다.

▲ 2002. 6. 16. 호명산(경기)

큰자루긴수염나방

Nemophora staududingerella 날개 편 길이 18~20 mm

산지의 계곡에 살며, 낮 동안 날아다닌다. 날아다니는 모습을 관찰하면 더듬이만 눈에 잘 띈다. 암컷은 수컷보다 더듬이가 짧은데, 기부에서 반 정도까지는 검다. 엄지벌레는 5~7월에 한 번 발생한다. 경기도와 강원도에 분포한다.

굴벌레나방과 Cossidae

중형에서 대형의 나방으로, 날개의 무늬가 선명하지 않다. 애벌레는 나무 줄기에 굴 모양으로 파고들어가는 습성이 있다. 엄지벌레는 밤에 날아다니며, 입이 퇴화하여 아무것도 먹지 않는다. 등불에 유인되어 날아오면 바닥에서 기어다니거나 뱅글뱅글 도는 일이 많다.

굴벌레큰나방

Cossus cossus
날개 편 길이 55~80 mm

대형 나방으로, 수컷의 더듬이는 빗살 모양이고, 암컷은 실 모양이다. 애벌레는 나무에 굴을 파고 들어간다. 엄지벌레는 6~8월에 발생한다. 부속 섬을 제외한 남한 전역에 분포한다.

◀ 1996. 7. 20. 계방산(강원)

알락굴벌레나방

Zeuzera multistrigata
날개 편 길이 40~70 mm

불빛에 잘 날아드는 나방으로 산지에 많다. 건드리면 배를 구부리면서 위협하는 자세가 독특하다. 날개에는 흰 바탕에 검은 점이 퍼져 있다. 애벌레는 여러 나무의 줄기에 굴을 파면서 속을 파 먹는다. 엄지벌레는 6~8월에 발생한다. 남한 전역에 분포하나 부속 섬에는 없다.

▲ 2001. 8. 4. 백화산(충남)

잎말이나방과 Tortricidae

소형이며, 많은 종류를 포함한다. 애벌레는 대부분 잎을 말아 그 속에서 생활하지만, 종류에 따라 새순, 과일, 뿌리 속으로 들어가 식물에 피해를 입히는 해충이 많다. 그래서 영어 이름도 'leaf roller' 라고 한다.

▲ 잎말이나방 일종 1999. 5. 30. 주금산(경기)

잎말이나방과에 속하는 종류는 세계에 5000종 이상이 알려져 있다. 우리나라에는 350종 이상이 기록되어 있다. 대부분 삼림 혹은 농업 작물의 해충으로, 많은 경제작물에 피해를 입히고 있는데, 이들에 대한 연구가 많이 진행되고 있다.

▲ 2001. 7. 1. 천왕사(제주)

잎말이나방 일종

Acleris sp. 날개 편 길이 20 mm

2001년 7월 1일, 제주도 천왕사의 숲 주변 이끼 위에 앉아 있는 것을 발견하였다. 남방계인 것으로 보인다.

흰갈퀴애기잎말이나방

Epiblema foenella
날개 편 길이 16~23 mm

▲ 1996. 8. 7. 가리산(강원)

전국의 평지나 산지에 아주 흔한 종이다. 앞날개에는 흰무늬가 발달하는데, 개중에는 소실된 개체도 나타난다. 애벌레는 가을에 쑥의 뿌리나 줄기 하부에 들어간다. 엄지벌레는 5~9월에 발생한다. 남한 전역에 분포한다.

주머니나방과 Psychidae

나뭇잎이나 풀줄기를 실로 엮은 자루 속에 애벌레나 번데기가 생활하는 독특한 무리이다. 자루의 모양은 옛날 비올 때 입었던 도롱이와 닮았다. 암컷은 날개가 없으며, 일생을 자루 속에서 생활한다. 애벌레는 도롱이 입구에 머리와 가슴 부위만 나와 이동하며, 잎, 꽃, 이끼, 나무 껍질을 먹고 자란다. 가을에 도롱이의 입구를 닫아 가지 등에 매달린 채로 겨울을 나고 봄에 번데기가 된다.

남방차주머니나방

Eumeta japonica
날개 편 길이 30~42 mm

남부 지방의 가로수나 가정의 나무에 도롱이가 많은데, 이 종이 대부분이다. 애벌레는 여러 종류의 잎을 먹고 산다. 때에 따라서는 식물에 큰 피해를 입히기도 한다. 수컷은 6월에 우화한다. 남한 전역에 분포하나 부속 섬에서의 기록은 아직 없다.

▲ 1991. 6. 20. 무등산(전남)

▲ 주머니나방과 애벌레집. 2002. 5. 26. 한라산 1700 m(제주)

유리나방과 Sessidae

날개에 비늘가루가 없어 투명하게 보이므로 '유리'라는 이름이 붙었다. 엄지벌레는 모두 벌과 닮아, 날 때에는 영락없이 벌로 보이며, 벌처럼 윙 소리를 내며 빠르게 난다. 낮에 날아다니며, 여러 꽃에 날아온다. 채집할 때 빨리 죽이지 않으면 몸의 비늘가루를 다 떨어내는 습성이 있다.

▲ 2001. 7. 8. 비자림(제주)

큰유리나방(신칭)

Melittia sangaica　날개 편 길이 36~40 mm

우리 나라에서 처음 기록되는 종이다. 사진은 제주도 비자림에서 2001년 7월 8일에 짝짓기 중인 개체를 촬영한 것이다. 돌담에 날아오며, 수컷은 암컷을 찾아 날아다니는 모습이 자주 관찰된다.

원뿔나방과 Oecophoridae

소형의 나방으로, 애벌레는 잎을 엮어 먹는 것도 많지만 꽃이나 열매를 먹기도 하고, 낙엽 또는 부식질을 먹는다. 우리 나라에서 현재 이 분야의 분류가 한창 진행 중에 있다.

▲ 1999. 6. 6. 함백산(강원)

젤러리원뿔나방

Schiffermuelleria zelleri　　날개 편 길이 15~19 mm

낮에 날아다니며, 쉴새없이 날아다니다가 잎 위에 앉는다. 엄지벌레는 5~6월에 한 번 발생한다. 경기도와 강원도에 분포한다.

명나방과 Pyralidae

다양한 종류가 있는 그룹으로, 우리 나라에는 280종 이상이 분포하고 있다. 앉을 때 날개를 펴고 잎 뒤에 숨는 종류가 있고, 날개를 둥글게 말아 가늘게 하여 앉는 종류도 있다. 애벌레는 잎을 말아 그 속에 들어가거나 나뭇가지, 뿌리, 과실 속으로 들어가는 등 다양한 생활 양식이 있다. 최근 명나방과를 명나방과(Pyralidae)와 포충나방과(Crambidae)로 나누는 경향도 있다.

▲ 1994. 9. 20. 광덕산(강원)

흰띠명나방

Hymenia recurvalis 날개 편 길이 21~25 mm

흔한 종으로, 산지의 풀밭이나 경작지 주변, 해안 풀밭에 많다. 애벌레는 시금치와 오이류에 해를 입히는 것으로 알려져 있다. 날개에 흰 띠가 명료하여 쉽게 구별할 수 있다. 엄지벌레는 6~10월에 걸쳐 두세 번 발생한다. 남한 전역에 분포한다.

▲ 1998. 7. 23. 울릉도 나리동(경북)

울릉노랑들명나방

Cotachena alysoni 날개 편 길이 14~16 mm

글쓴이에 의해 울릉도에서 발견되어 우리 나라에 처음 기록된 종이다. 앞날개 중실 속에 흰무늬는 정사각형이다. 낮에 섬바디 등 여러 꽃에서 꿀을 빤다. 밤에 등불에 잘 모인다. 엄지벌레는 7월 말~9월에 한 번 발생한다. 남한 전역에 분포한다.

흰날개큰집명나방

Teliphasa albifusa
날개 편 길이 34~37 mm

흔한 종으로, 마을 주변 잡목림 근처에 산다. 앞날개의 외횡선과 내횡선 사이와 뒷날개 외횡선 안쪽으로 흰색을 띤다. 엄지벌레는 6~8월에 한 번 발생한다. 남한 전역에 분포하나 부속섬에서의 기록은 없다.

▲ 1998. 7. 16. 홍천 대명콘도(강원)

▲ 1998. 6. 6. 주금산(경기)

갈참나무명나방

Pleuroptya balteata
날개 편 길이 30~34 mm

날개는 연한 노란색으로 여러 줄의 횡선이 구부러져 있다. 참나무 숲 주변 풀밭에 많으며, 등불에 잘 모인다. 애벌레는 참나무류의 잎을 말아 그 속에서 지내며, 주로 잎을 먹어치운다. 엄지벌레는 7~9월에 발생한다. 남한 전역에 분포한다.

▲ 1999. 5. 5. 단양군 유암리(충북)

진도들명나방

Pyrausta mutuurai 날개 편 길이 14 mm

낮에 민들레꽃에 날아온다. 앞뒷날개의 노란색 무늬는 이어진 것같이 보인다. 지금까지 전라 남도 진도에서의 기록밖에 없다. 이번이 두 번째 기록인데, 사진은 충청 북도 단양군 유암리에서 1999년 5월 5일에 촬영한 것이다. 글쓴이는 이 밖에도 강원도 계방산에서 8월에 채집한 4개체를 보관하고 있다.

▲ 2001. 7. 20. 오대산(강원)

회양목명나방

Glyphodes perspectalis 날개 편 길이 38~45 mm

한국산 명나방류 중에서 가장 크다. 앞날개 전연과 후연, 그리고 앞뒷날개 외연부는 검은색이고, 나머지는 은백색이다. 밭 주변이나 민가 주변에 살며, 회양목을 해치는 해충이다. 엄지벌레는 6~7월과 8~9월에 두 번 발생한다. 남한 전역에 분포한다.

흰얼룩들명나방

Pseudebulea fentoni
날개 편 길이 24~31 mm

날개는 황갈색 바탕에 흑갈색 무늬가 있으며, 뒷날개는 앞날개에 비해 빛깔이 엷다. 흔한 종으로, 주로 삼림과 풀밭의 경계부에 많다. 엄지벌레는 7~8월에 발생한다. 남한 각지에 분포하나 제주도에서의 기록은 없다.

▶ 1998. 6. 6. 주금산(경기)

▲ 1998. 6. 6. 주금산(경기)

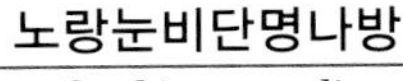

노랑눈비단명나방

Orybina regalis

날개 편 길이 22~25 mm

산지에서 사는 흔한 종이다. 앞뒷날개는 붉은색으로 앞날개에 노란색의 원형 무늬가 두드러진다. 엄지벌레는 6월 말~8월에 발생한다. 남한 전역에 분포하나 울릉도에서의 기록은 없다.

▲ 1996. 6. 23. 계방산(강원)

담흑포충나방

Xanthocrambus lucellus

날개 편 길이 21~27 mm

앞날개에 흰색의 가로선이 뚜렷하다. 아외연선은 중앙에서 바깥으로 구부러진다. 평지에서 1000 m의 산지에서도 채집된다. 엄지벌레는 6월에 발생한다. 경기도와 강원도에 분포한다.

갈매기부채명나방

Cataprosopus monstrosus

날개 편 길이 27~41 mm

기름새 잎 뒷면에서 숨어 있다가 거미에게 붙잡힌 장면이다. 앞날개의 전연에 검은색 무늬가 발달해 있다. 엄지벌레는 7~8월에 발생한다. 부속섬을 제외한 남한 전역에 분포한다.

◀ 2002. 7. 27. 계방산(강원)

창나방과 Thyrididae

소형의 나방으로, 수컷의 뒷다리에 긴 털이 나 있다. 단안은 퇴화하나 입이 발달한다. 애벌레는 먹이 식물의 잎을 말아 그 속에서 지내거나 줄기를 파고들어가는 종류가 있다. 주행성도 있고 야행성도 있다.

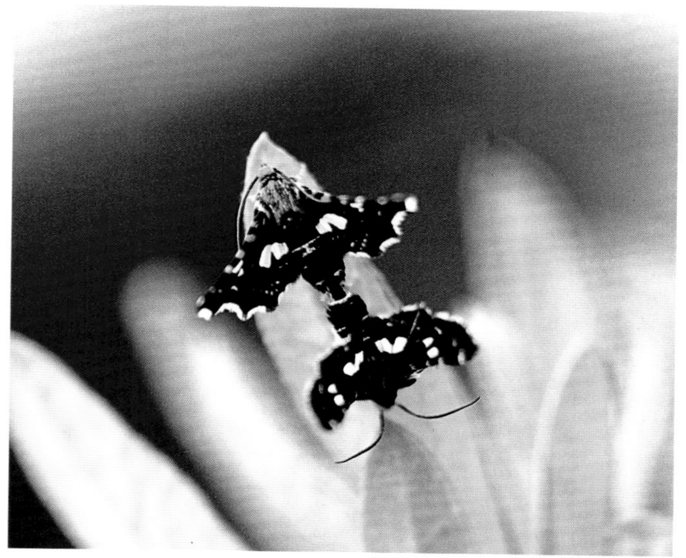

▲ 1999. 5. 21. 화야산(경기)

깜둥이창나방

Thyris fenestrella 날개 편 길이 14~17 mm

흔한 종으로, 산지의 계곡에 산다. 날개는 흑갈색 바탕에 반투명한 흰무늬가 있다. 낮에 날아다니며, 개망초 등 여러 꽃이나 습지에 잘 날아온다. 엄지벌레는 5~6월과 7~8월에 두 번 발생한다. 남한 전역에 분포한다.

털날개나방과 Pterophoridae

소형에서 중형의 나방이다. 앞뒷날개 후연에 털이 많아 털날개라는 이름이 붙었다. 뒷날개는 시맥을 따라 여러 겹으로 겹쳐져 있다. 이 무리는 분류가 대단히 어렵다. 낮에 날아다닌다.

▲ 풀잎에 앉아 있는 털날개나방으로 주로 풀밭에 많다. 2002. 8. 16. 양구(강원)

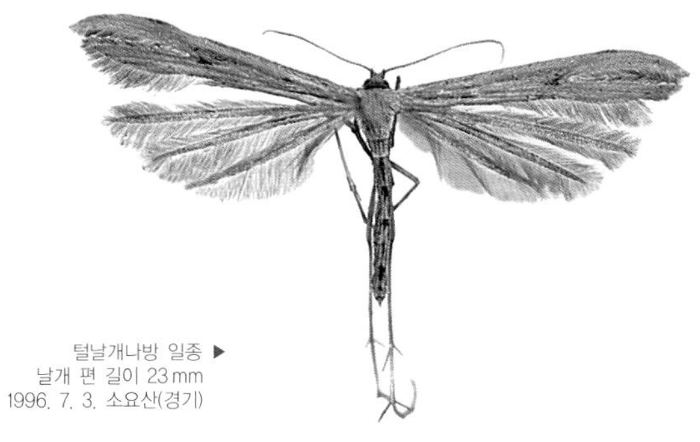

털날개나방 일종 ▶
날개 편 길이 23 mm
1996. 7. 3. 소요산(경기)

알락나방과 Zygaenidae

소형에서 대형까지 있으며, 날개의 무늬가 화려한 종류가 많다. 대부분 낮에 날아다니며, 등불에 잘 날아들지 않는다. 몸 안에 독을 품고 있는 일이 많아 천적들로부터 안전한 경우가 많다. 주로 열대 지방에 많으며, 우리나라에는 20여 종이 서식하고 있다.

여덟무늬알락나방

Baltaena octomaculata

날개 편 길이 19~22 mm

산지의 풀밭에서 간간이 볼 수 있다. 양쪽 앞날개에 8개의 노란색 원형 무늬가 있다. 낮에 날아다니며, 개망초 등 여러 꽃에 잘 날아온다. 엄지벌레는 6~7월에 한 번 발생한다. 남한 전역에 분포하나 울릉도에서의 기록은 없다.

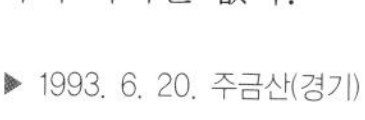

▶ 1993. 6. 20. 주금산(경기)

벚나무모시나방

Elcysma westwoodi

날개 편 길이 52~60 mm

날개는 회백색으로 시맥이 검다. 앞날개의 기부에 노란 띠무늬가 있고, 뒷날개에는 꼬리 모양의 돌기가 있다. 낮에 활동하는데, 완만하게 날아다닌다. 애벌레는 벚나무 등에 피해를 입힌다. 엄지벌레는 8월 중순~10월에 발생한다. 남한 전역에 분포하나 부속 섬에서의 기록은 없다.

▲ 1999. 8. 15. 만항재(강원)

포도유리날개알락나방

Illiberis tenuis

날개 편 길이 27~30 mm

몸과 날개는 검은색으로, 날개는 시맥을 제외하고는 반투명하다. 애벌레는 포도의 해충으로 유명하다. 낮에 날아다니며, 여러 꽃에 잘 찾아온다. 엄지벌레는 5~6월에 한 번 발생한다. 경기도, 강원도, 울릉도에 분포한다.

◀ 1998. 5. 17. 울릉도(경북)

흰띠알락나방

Pidorus glaucopis

날개 편 길이 50~58 mm

머리가 붉고 날개 전체는 검은색이나 앞날개의 굵은 흰 띠가 발달한다. 낮에 날아다니며, 앉을 때 날개를 지붕처럼 접는다. 엄지벌레는 6~7월과 8~9월에 두 번 발생한다. 남부지방에 분포하나 울릉도에서의 기록은 없다.

◀ 2001. 7. 8. 신산리(제주)

▲ 2001. 6. 23. 관음사(제주)

뒤흰띠알락나방

Chalcosia remota

날개 편 길이 52~63 mm

흔한 종으로, 산지의 나무 위를 낮에 천천히 다니는데, 제주도에서는 한라산 산기슭에 이 종이, 해안에 흰띠알락나방이 서식한다. 앞날개는 물론 뒷날개에도 흰무늬가 발달한다. 애벌레는 노린재나무에 붙는다. 엄지벌레는 6~8월 초에 한 번 발생한다. 남한 전역에 분포하나 울릉도에서의 기록은 없다.

쐐기나방과 Limacodidae

소형에서 중형 크기의 나방이다. 등불에 잘 날아들며 빛깔이 다양하다. 애벌레의 독침에 찔리면 몹시 아프다. 대부분 여러 식물에 피해를 주는 것으로 알려져 있으며, 화단에 핀 초화류에 큰 피해를 입히는 경우도 있다.

뒷검은푸른쐐기나방

Latoia sinica
날개 편 길이 22~30 mm

흔한 종으로, 앞날개 외연과 뒷날개는 암갈색이고 나머지는 녹색이다. 엄지벌레는 5~6월과 7~8월에 두 번 발생한다. 남한 전역에 분포한다.

▲ 1999. 6. 20. 관음사(제주)

▲ 1999. 6. 30. 구미(경북)

끝검은쐐기나방

Belippa horrida 날개 편 길이 32~35 mm

앞날개는 황갈색인데, 날개 끝과 중앙부에 검은 무늬가 있다. 엄지벌레는 6~7월에 한 번 발생한다. 남한에 국지적으로 분포한다.

팔랑나비붙이과(신칭) Hyblaeidae

우리 나라에 처음 기록되는 과로 *Hyblaea* 1속만 있다. 세계에 20종이 분포한다. 낮에 날아다닌다.

▲ 1957. 4. 18. 지리산 내원사(경남)

팔랑나비붙이(신칭)

Hyblaea fortissima 날개 편 길이 30 mm

우리 나라에서 처음 기록되는 종이다. 경상 남도 산청군 내원리 내원사에서 1957년 4월 18일에 채집된 수컷 표본이다. 따뜻한 봄날에 양지바른 곳에 나타난다. 보통 엄지벌레는 7월경에 우화하여 활동하지 않은 채 이듬해 봄까지 휴면한다. 이른 봄 낮에 활동한다.

갈고리나방과 Drepanidae

소형에서 중형 크기의 나방으로, 앞날개 끝이 갈고리 모양으로 튀어나온 모습이 이채롭다. 주로 아시아의 열대 지방에 많다. 우리 나라에 38종이 분포한다.

참나무갈고리나방

Agnidra scabiosa

날개 편 길이 27~35 mm

앞날개 횡맥 주변에 잿빛 무늬가 나타나며, 뒷날개에도 3~4개 나타난다. 흔한 종으로, 밤에 등불에 잘 날아든다. 엄지벌레는 5~8월에 걸쳐 두 번 발생한다. 남한 전역에 분포하나 부속 섬에는 살지 않는다.

▶ 1996. 7. 6. 소요산(경기)

물결줄흰갈고리나방

Ditrigona conflexaria

날개 편 길이 20~30 mm

날개는 흰 바탕에 두 개의 적갈색 횡선이 나타나며, 외횡선이 가장 짙다. 날개를 펴고 풀 위에 앉을 때가 많다. 엄지벌레는 5~8월에 걸쳐 두 번 발생한다. 남한 전역에 분포하나 제주도에서의 기록은 아직 없다.

▶ 1998. 6. 28. 해산(강원)

뾰족날개나방과 Thyatiridae

언뜻 보면 밤나방과 나방처럼 생겼으나 분류적으로 차이가 나는 소그룹이다. 입이 발달하여 야간에 나뭇진이나 물가에 날아온다. 엄지벌레는 등불에 잘 날아든다. 애벌레는 5쌍의 배다리를 가지고 있으며, 여러 나무의 잎을 먹어치운다. 최근에는 이 과와 왕갈고리나방과(Cyclididae)를 갈고리나방과(Drepanidae)에 편입시키고 있다.

흰뾰족날개나방

Habrosyne pyritoides

날개 편 길이 38~44 mm

▲ 1998. 5. 23. 검단산(경기)

평지나 산지에 사는 흔한 종이다. 흰색의 아외연선은 직선이며, 내횡선은 비스듬히 경사져 있다. 엄지벌레는 5~8월에 발생한다. 남한 전역에 분포하나 울릉도에서의 기록은 없다.

점박이뾰족날개나방

Parapsestis argenteopicta

날개 편 길이 36~50 mm

▲ 1998. 6. 6. 주금산(경기)

앞날개 기부 가까이에 3개의 횡선이 있어 검어 보인다. 날개에 점 모양의 무늬가 많으며, 약간 푸른기가 나타난다. 흔한 종으로, 산지나 평지에 모두 많다. 엄지벌레는 5~8월에 두 번 발생한다. 남한 전역에 분포하나 울릉도에서의 기록은 없다.

이른봄뾰족날개나방

Kurama mirabilis
날개 편 길이 38 mm 내외

이른 봄에 평지나 산지에 사는 흔한 종이다. 애벌레는 참나무류의 잎을 엮어 그 속에서 지내다가 번데기가 될 때에 땅 속으로 들어간다. 번데기는 엉성한 고치 속에서 된다. 경기도와 강원도에 분포한다.

▶ 2001. 4. 22. 해산(강원)

▲ 1999. 5. 21. 강촌(강원)

참빗살나무뾰족날개나방

Neoploca arctipennis 날개 편 길이 35 mm 내외

이른 봄에 출현하며, 습성은 앞 종과 흡사하다. 복부 제3절에 검은 털 다발이 발달한다. 경기도와 강원도를 중심으로 분포한다.

자나방과 Geometridae

몸은 가늘고 긴 편으로, 날개의 면적이 넓다. 밤나방과 다음으로 큰 그룹으로, 크기는 소형과 중형이 보통이나, 날개를 편 길이가 60mm 이상인 대형도 있다. 보통 야간에 활동하나 주간에 활동하는 종류도 있다. 암컷의 날개가 퇴화된 종류도 일부 있다. 애벌레는 자벌레라 부르며, 독특한 걸음걸이를 보이며, 나뭇가지와 닮아 구별이 어렵다.

▲ 1998. 12. 6. 관음사(제주)

흰띠겨울자나방

Alsophila japonensis
날개 편 길이 28~31mm

일명 겨울자나방 무리로, 겨울에 나타나는데 흔하지 않다. 이 무리는 입이 퇴화하여 아무것도 먹지 않는다. 특히, 암컷은 열손실을 막기 위해 날개가 완전히 퇴화되어 있다. 엄지벌레는 11~12월 초에 한 번 발생한다. 경기도, 강원도, 전라 남도와 제주도에 분포한다.

▲ 1992. 12. 2. 소요산(경기)

북방겨울자나방

Inurois brunneus
날개 편 길이 25~28mm

겨울자나방 무리로, 경기도 지역에서는 아주 흔하다. 암컷은 날개가 전혀 없다. 엄지벌레는 11~12월 초에 한 번 발생한다. 경기도와 강원도에 분포한다. 사진은 짝짓기 장면인데, 위의 개체가 날개가 없는 암컷이다.

▲ 2002. 6. 16. 주금산(경기)

별박이자나방

Naxa seriaria 날개 편 길이 32~47 mm

날개는 흰 바탕에 검은 점이 퍼져 있어 마치 별 모양을 한다. 엄지벌레는 등불에 잘 날아들지만 낮에도 날아다니는 경우가 간혹 있다. 애벌레는 군집 생활을 하는데, 그물 모양으로 실을 내어 그 속에서 지낸다. 월동은 애벌레로 하며, 먹이 식물은 쥐똥나무, 물푸레나무 등이다. 엄지벌레는 6~7월에 걸쳐 한 번 발생한다. 남한 전역에 분포하나 울릉도에서의 기록은 없다.

각시톱무늬자나방

Pingasa aigneri
날개 편 길이 35~38 mm

날개는 윗면이 회색 바탕에 외횡선이 톱니 모양을 한다. 아랫면은 외횡선 바깥쪽으로 검은색 띠가 나타난다. 엄지벌레는 6~7월에 걸쳐 한 번 발생한다. 남한에는 강원도, 경기도, 전라 남도 및 거제도에 분포한다.

▲ 1998. 6. 6. 주금산(경기)

▲ 1998. 6. 6. 주금산(경기)

점선두리자나방

Pachista superans
날개 편 길이 47~64 mm

흔한 종으로, 낙엽 활엽수림에 많다. 날개의 윗면은 약간 녹색기가 도는 회색으로, 내횡선과 외횡선이 톱날진다. 중실에 선 모양의 무늬가 있다. 엄지벌레는 6~7월에 한 번 발생한다. 남한 전역에 분포하나 부속 섬에서의 기록은 없다.

▲ 1998. 7. 29. 돈내코계곡(제주)

검띠발푸른자나방

Agathia visenda 날개 편 길이 28~32 mm

날개는 진녹색으로 바깥쪽으로 보랏빛이 감도는 흑갈색 무늬가 독특하게 발달한다. 산림의 경계부에 살며, 개체 수는 많지 않다. 엄지벌레는 5월 말~7월에 걸쳐 한 번 발생한다. 남한에는 경기도, 전라도와 제주도에 분포한다.

▲ 2000. 7. 2. 해산(강원)

왕흰띠푸른자나방

Geometra papilionaria 날개 편 길이 38~45 mm

대형의 푸른자나방으로 흔한 종이다. 날개의 외횡선이 톱날처럼 구부러진다. 새로 발생한 개체는 몸과 날개가 모두 녹색을 띤다. 엄지벌레는 7~8월에 한 번 나타난다. 남한 전역에 분포하나 부속 섬에서의 기록은 없다.

강원애기푸른자나방

Chlorissa macrotyro
날개 편 길이 22~25 mm

푸른자나방 중 날개가 연녹색을 띤다. 앞다리에 연녹색을 띤 부분이 있다. 흔하지 않은 종으로, 산지에 산다. 엄지벌레는 6~7월에 나타난다. 경기도, 강원도, 충청 북도에 분포한다.

▲ 1998. 6. 6. 주금산(경기)

▲ 2002. 6. 23. 철원군 양지리(강원)

네눈박이푸른자나방

Thetidia albocostaria

날개 편 길이 22~26 mm

앞뒷날개에 동그란 무늬가 뚜렷하고 외연이 톱날진다. 동그란 눈 모양 무늬 덕에 '네눈박이'라는 이름이 붙었다. 사진은 금방 우화한 암컷이다. 엄지벌레는 6~8월에 발생한다. 남한 전역에 분포하나 부속 섬에서의 기록은 없다.

◀ 2002. 6. 23. 철원군 양지리(강원)

구름무늬흰애기자나방

Somatina indicataria

날개 편 길이 24~32 mm

낮에 풀 위에 날개를 펴고 앉는 일이 많다. 날개의 횡선들이 암회색을 띠며, 횡맥 위의 검은 점이 뚜렷하다. 엄지벌레는 5~6월과 7~8월에 두 번 발생한다. 남한 전역에 분포한다.

▶ 1998. 8. 21. 돈내코계곡(제주)

▲ 1999. 7. 5. 축령산(경기)

꼬마네눈애기자나방

Problepsis minuta 날개 편 길이 28~39 mm

앞날개에 눈알 모양 무늬가 있으며, 그 안쪽에 짧고 검은 선이 두 개 눈에 띈다. 엄지벌레는 6~8월에 발생한다. 충청남·북도 일부 지역과 제주도에 분포하는데, 흔하지 않다.

▲ 2001. 6. 30. 관음사(제주)

홍띠애기자나방

Timandra comptaria
날개 편 길이 22 mm 내외

하천이나 풀밭에 살며, 흔한 종이다. 앞날개 끝에서 뒷날개까지 비스듬한 붉은색 선이 눈에 띈다. 애벌레는 버드나무류의 잎을 먹는다. 엄지벌레는 5~8월에 발생한다. 남한 전역에 분포한다.

▲ 1996. 6. 6. 주금산(경기)

앞노랑애기자나방

Scopula nigropunctata 날개 편 길이 25~29 mm

흔한 종으로, 풀잎 위에 날개를 펴고 앉아 있는 경우가 많다. 날개는 연한 갈색을 띠는데, 많은 횡선이 나 있다. 봄형이 여름형보다 작고 빛깔이 어둡다. 엄지벌레는 5~6월과 7~8월에 두 번 발생한다. 남한 전역에 분포하나, 울릉도에서의 기록은 없다.

뒷노랑흰물결자나방

Calleulype whitelyi
날개 편 길이 30~34 mm

산지에 흔한 종이다. 낮에도 주위의 조그마한 충격에도 날아다니나, 정상적인 행동은 아니다. 날개는 흰 바탕에 검은 점무늬가 배열되어 있고, 외연은 주황색을 띤다. 애벌레의 먹이식물은 다래나무이다. 엄지벌레는 6~7월에 발생한다. 남한 전역에 분포하나 부속 섬에서의 기록은 없다.

▲ 1999. 5. 30. 주금산(경기)

▲ 1995. 7. 21. 태백산(강원)

얼룩물결자나방

Tyloptera bella 날개 편 길이 20~29 mm

산지에 흔한 종이다. 앞날개가 뒷날개보다 눈에 띄게 크다. 앞날개 전연과 외연이 어두운 회색이며, 검은 횡맥점이 뚜렷하다. 엄지벌레는 5~6월과 7~8월에 두 번 발생한다. 남한 전역에 분포하나 울릉도에서의 기록은 없다.

▲ 1998. 6. 6. 주금산(경기)

큰톱날물결자나방

Ecliptopera umbrosaria
날개 편 길이 27~30 mm

흔한 종으로, 산지에 많다. 날개에는 검은색 바탕에 복잡한 횡선이 발달한다. 앞날개 외횡선 바깥으로 약간 빛깔이 엳으며, 뒷날개는 무늬가 다소 단순하다. 애벌레의 먹이 식물은 포도이다. 엄지벌레는 5~6월과 7~9월에 두 번 발생한다. 남한 전역에 분포한다.

▲ 1994. 6. 6. 오대산(강원)

노랑띠물결자나방

Polythrena coloraria 날개 편 길이 21~24 mm

강원도 태백 산맥을 중심으로 분포하는 흔한 종이다. 낮에 날아다니며, 여러 꽃에 날아오나 등불에 유인되지 않는다. 날개에 검은색 무늬와 주황색 무늬가 이채롭다. 엄지벌레는 6~7월에 발생한다.

까치물결자나방

Rheumaptera hecata

날개 편 길이 26~28 mm

낮에 어지럽게 날며, 여러 꽃에 잘 모인다. 가끔 축축한 물가에서 물을 빨아먹는 경우가 있는데, 인기척에 매우 예민하다. 날개는 검은색 바탕에 중앙에 흰 띠가 굵게 나 있다. 엄지벌레는 5~7월에 발생한다. 남한 전역에 분포하나 부속 섬에서의 기록은 없다.

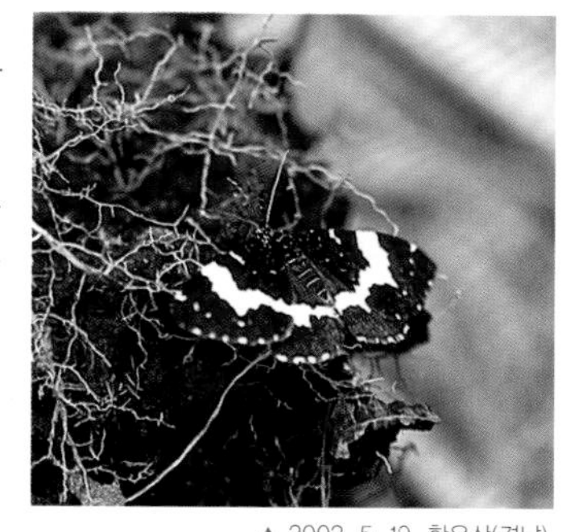

▲ 2002. 5. 19. 한우산(경남)

▲ 2002. 5. 26. 한라산(제주)

큰흰띠검정물결자나방

Rheumaptera hastata 날개 편 길이 25 mm 내외

낮에 날아다니며, 주로 물가에 잘 날아온다. 제주도 한라산에 5~6월에 이 종이 특히 많다. 인기척에 매우 민감하다. 까치물결자나방보다 날개에 흰무늬가 더 발달한다. 엄지벌레는 5월 말~7월에 한 번 발생한다. 남한 전역에 분포하나 울릉도에서의 기록은 없다.

▲ 1993. 10. 17. 주금산(경기)

겨울물결자나방

Operophtera brunnea

날개 편 길이 26~32 mm

늦가을인 10월에 나타나는 흔한 종이다. 암컷의 날개가 퇴화한 겨울자나방 무리로 엄지벌레 기간 아무것도 먹지 않는다. 현재까지 경기도, 강원도, 전라 남도 일원에 분포한다.

▲ 2001. 8. 4. 태안군 백화산(충남)

▲ 1998. 6. 20. 주금산(경기)

큰노랑물결자나방

Gandaritis fixseni

날개 편 길이 46~58 mm

산지에 흔한 종으로, 밤에 물가에 날아오거나 여러 꽃에 모인다. 몸과 날개는 주황색인데, 암컷 쪽의 색이 밝다. 엄지벌레는 6~8월과 10월에 두 번 발생한다. 남한 전역에 분포하나 부속 섬에서의 기록은 없다.

담흑물결자나방

Triphosa dubitata

날개 편 길이 31~36 mm

흔한 종으로, 동굴 속에 개체 수가 많다. 동굴에는 다수의 개체가 봄에서 여름 사이만 제외하고 연중 볼 수 있다. 겨울에도 월동하는 개체들을 동굴 속에서 발견할 수 있다. 남한 전역에 분포하나 울릉도에서의 기록은 없다.

▲ 2001. 6. 17. 영월 무릉굴(강원)

▲ 1993. 10. 5. 소요산(경기)

뾰족날개물결자나방

Horisme stratata 날개 편 길이 27~30 mm

산지에 사는 드문 종이다. 날개는 어두운 갈색이고, 뒷날개 외연이 강하게 톱니 모양을 한다. 엄지벌레는 9~10월에 한 번 발생한다. 경기도와 강원도에만 기록이 있다.

▲ 1998. 6. 26. 해산(강원)

줄노랑얼룩가지나방

Abraxas grossularia
날개 편 길이 35~42 mm

앞날개 내횡선은 검고 굵은 줄무늬로, 안쪽은 주황색이다. 흔한 종으로 산지에 많으며, 등불에 잘 날아든다. 엄지벌레는 6~7월에 한 번 발생한다. 남한 전역에 분포하나 부속 섬에서의 기록은 없다.

▲ 2000. 5. 11. 비자림(제주)

버드나무얼룩가지나방

Abraxas miranda 날개 편 길이 32~36 mm

낮에 나뭇잎 위에 날개를 편 채로 앉아 있는 일이 많다. 날개는 흰 바탕에 흑갈색 점무늬가 발달한다. 엄지벌레는 6~7월과 8~10월에 두 번 발생한다. 남한 전역에 분포한다.

세줄흰가지나방

Myrteta unio
날개 편 길이 27~34 mm

날개는 흰 바탕에 암회색의 횡선이 나타난다. 여름형이 작다. 엄지벌레는 6~7월과 9월에 두 번 발생한다. 남한 전역에 분포하나 부속섬에서의 기록은 없다.

▲ 1992. 7. 19. 계방산(강원)

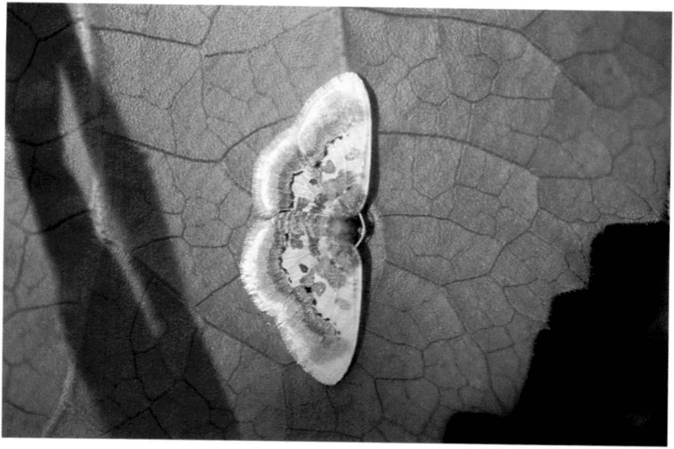

▲ 2001. 5. 12. 원동재(강원)

구름애기가지나방

Ninodes watanabei 날개 편 길이 21~25 mm

산림 경계부에 많다. 외횡선 부분에 넓게 어두운 띠무늬가 있다. 엄지벌레는 5~7월에 발생한다. 제주도를 포함한 남한 전역에 분포한다.

▲ 1998. 7. 22. 울릉도 나리동(경북)

뒷검은그물가지나방

Cabera griseolimbata　　날개 편 길이 19~28 mm

산지에 흔한 종으로, 뒷날개 외연부가 검은색에서 밝은 색까지 여러 형태가 나타난다. 엄지벌레는 6~8월에 발생한다. 남한 전역에 분포한다.

▲ 1999. 5. 23. 해산동(제주)

고운날개가지나방

Oxymacara normata
날개 편 길이 25~30 mm

흔한 종으로, 주로 풀밭에 많다. 날개는 가늘고 가로로 길어 보인다. 앞날개 외횡선 안쪽에 검은 무늬가 나타난다. 엄지벌레는 5월과 7~8월에 두 번 발생한다. 남한 전역에 분포하나 울릉도에서의 기록은 없다.

가을노랑가지나방

Pseudepione magnaria
날개 편 길이 22~29 mm

날개는 황갈색으로, 내횡선은 중실 안에서 반원 모양이고, 외횡선은 거의 직선이다. 가을에 출현하는 종이다. 경기도, 강원도, 경상 남도 남해에서의 기록이 있다.

▲ 1993. 10. 5. 소요산(경기)

▲ 1998. 6. 6. 주금산(경기)

잔물결가지나방

Petelia rivulosa 날개 편 길이 31~40 mm

수컷의 더듬이는 빗살, 암컷은 실 모양이다. 날개는 잔줄 형태의 적갈색 무늬가 빽빽이 나 있다. 산지의 삼림과 풀밭 경계부에 많다. 엄지벌레는 6~8월에 한 번 발생한다. 경기도와 강원도에 분포한다.

매화가지나방

Cystidia couaggaria
날개 편 길이 38~43 mm

잠자리가지나방과 비슷하나 훨씬 작고, 날개의 검은 부분이 넓다. 애벌레는 매실나무, 벚나무를 먹으므로, '매화' 라는 이름이 붙었다. 엄지벌레는 6~7월에 한 번 발생한다. 울릉도를 제외한 남한 전국에 분포한다.

◀ 2002. 6. 23. 철원(강원)

▲ 1998. 6. 6. 주금산(경기)

잠자리가지나방

Cystidia stratonice 날개 편 길이 47~54 mm

흔한 종으로, 낮에 날아다닌다. 날개와 배가 길어 잠자리를 연상시킨다. 수컷 쪽의 배가 더 길다. 애벌레의 먹이 식물은 노박덩굴이다. 엄지벌레는 6~7월에 한 번 발생한다. 남한 전역에 분포한다.

뒷노랑점가지나방

Arichanna melanaria
날개 편 길이 33~43 mm

바위 밑이나 어두운 숲 속, 다리 밑을 낮에 지나가 보면 여러 마리가 한꺼번에 날아가는 모습을 볼 수 있는 아주 흔한 종이다. 엄지벌레는 5월 말~8월에 발생한다. 남한 전역에 분포하나 울릉도에서의 기록은 없다.

▲ 1998. 7. 29. 한라산(제주)

▲ 2001. 7. 8. 비자림(제주)

노랑날개무늬가지나방

Obeidia tigrata 날개 편 길이 53~68 mm

흔한 종으로, 낮에 활동하기도 하지만 등불에도 모인다. 낮에 쉬땅나무나 사철나무의 꽃에 날아와 꿀을 빨아먹는 일이 많다. 느리게 날며, 높게 나무 사이를 날아다닐 때가 많다. 엄지벌레는 7~8월에 발생한다. 남한 전역에 분포하나 울릉도에서의 기록은 없다.

큰눈노랑가지나방

Ophthalmitis albosignaria
날개 편 길이 38~57 mm

외횡선은 전연과 후연부에서만 뚜렷하나 나머지 부분은 이어지지 않는다. 엄지벌레는 6~8월에 발생한다. 남한 전역에 분포하나 부속 섬에서의 기록은 없다.

◀ 1998. 6. 6. 주금산(경기)

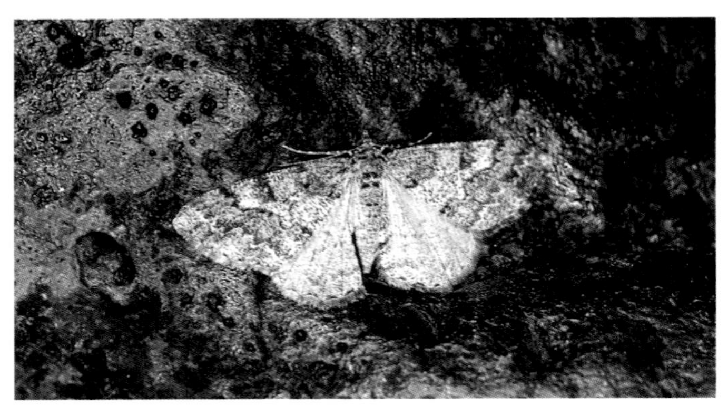

▲ 1998. 10. 10. 구린굴(강원)

털뿔가지나방

Alcis angulifera　　날개 편 길이 25~30 mm

아주 흔한 종으로 가끔 크게 발생한다. 낮은 산지 쪽으로 많다. 먹이 식물은 병꽃나무와 갈참나무이다. 엄지벌레는 5~7월과 9~10월에 두 번 발생한다. 남한 전역에 분포한다.

다섯줄가지나방

Alcis extinctaria

날개 편 길이 38~41 mm

낮에는 바위 위에 붙어 있는데, 바위 빛깔과 닮아 여간해서는 발견하기가 곤란하다. 엄지벌레는 6~7월에 발생한다. 남한에는 태백 산맥 고지와 한라산 고지에 분포한다.

▶ 2001. 7. 27. 한라산(제주)

▲ 1999. 5. 30. 주금산(경기)

두줄가지나방

Rikiosatoa grisea 날개 편 길이 27~40 mm

흔한 종으로, 앞날개 외횡선은 구부러지고, 바깥으로 적갈색을 띤다. 엄지벌레는 6~9월에 발생한다. 남한 전역에 분포한다.

▲ 1999. 5. 21. 관음사(제주)

세줄날개가지나방

Hypomecis roboraria

날개 편 길이 39~54 mm

흔한 종으로, 옅은 흑갈색 바탕에 짙은 검은색의 횡선이 3개 발달한다. 봄형이 여름형보다 크다. 애벌레는 갈참나무, 떡갈나무, 사과나무 등의 잎을 먹는다. 엄지벌레는 5~6월과 7~8월에 두 번 발생한다. 남한 전역에 분포한다.

▲ 2000. 6. 18. 천왕사(제주)

노랑띠알락가지나방

Biston panterinaria　　날개 편 길이 46~75 mm

대형의 자나방으로 숲 주변에 흔하다. 날개가 흰 바탕에 황갈색 점무늬가 있어 눈에 잘 띄는데, 낮에 풀잎 위에서 발견되는 경우가 종종 있다. 애벌레의 먹이 식물은 낙엽송, 잣나무, 참나무류 등 다양하다. 엄지벌레는 5~8월에 발생한다. 남한 전역에 분포하나 울릉도에서의 기록은 없다.

몸큰가지나방

Biston robustum

날개 편 길이 42~60 mm

이른 봄에 나타나는데, 암컷을 보기가 아주 어렵다. 더듬이는 수컷이 빗살 모양이나 암컷은 실 모양이다. 앞날개의 무늬에 변화가 많다. 남한 전역에 분포하나 부속 섬에서의 기록은 없다.

▲ 2001. 4. 22. 해산(강원)

▲ 2001. 3. 18. 천마산(경기)

흰무늬겨울가지나방

Agriopis dira 날개 편 길이 26~30 mm

겨울자나방 종류로, 엄지벌레는 이른 봄인 3~4월에 나타난다. 수컷은 날개의 무늬와 크기가 다양하다. 암컷은 날개가 퇴화되어 매우 짧다. 남한 전역에 분포하나 부속 섬에서의 기록은 없다.

▲ 1993. 3. 4. 주금산(경기)

가시가지나방

Apocheima juglansiaria
날개 편 길이 33~39 mm

이른 봄에 나타나는데, 앉을 때 날개가 겹쳐져 좁게 보인다. 애벌레는 여러 활엽수의 잎에 붙는다. 암컷은 나뭇가지에 빙 둘러 가며 알을 여러 개 낳는다. 주로 경기도와 강원도에서만 기록이 있다.

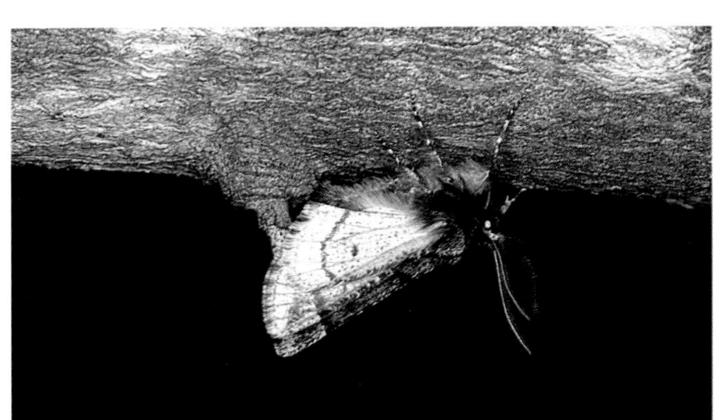

▲ 2001. 4. 5. 정선 만지(강원)

털겨울가지나방

Meichihuo cifuai 날개 편 길이 29~35 mm

아직까지 암컷을 발견하지 못한 겨울자나방이지만, 암컷은 날개가 퇴화되어 있으리라 추측된다. 애벌레는 광대싸리와 왕벚나무 등 여러 활엽수를 먹는다. 엄지벌레는 이른 봄인 3~4월에 발생한다. 경기도와 강원도에서만 기록이 있다.

큰빗줄가지나방

Descoreba simplex
날개 편 길이 38~51 mm

날개에는 빗선이 하나 뚜렷한데, 그 부분이 점으로 나타나거나 검어진 개체들이 있다. 몸에 난 털이 유난히 길다. 엄지벌레는 이른 봄인 4~5월 초에 나타나는데, 흔한 종이다. 남한 전역에 분포한다.

▲ 2001. 4. 22. 해산(강원)

▲ 1999. 5. 30. 주금산(경기)

▲ 1995. 6. 7. 계방산(강원)

오얏나무가지나방

Angerona prunaria　　날개 편 길이 26~51 mm

이 나방은 우리 나라에서 유럽까지 넓게 분포하는 광역 분포종이다. 날개는 노란색, 주황색, 검은색 등 다양하며, 크기도 매우 다양하다. 낮에도 발견하기 쉬우나 사실은 밤에 활동한다. 엄지벌레는 5~8월까지 두세 번 발생하며, 아주 흔하다. 남한 전역에 분포하나 부속 섬에서의 기록은 없다.

▲ 1998. 6. 28. 해산(강원)

뽕나무가지나방

Phthonandria atrilineata
날개 편 길이 39~54 mm

활엽수림을 중심으로 산다. 날개는 흑갈색으로 검은 선이 여럿 나 있다. 날개의 빛깔에는 개체에 따라 조금씩 다르다. 엄지벌레는 6~9월에 발생한다. 남한 전역에 분포하나 울릉도에서의 기록은 없다.

▲ 1998. 6. 28. 해산(강원)

흰점고운가지나방

Epholca arenosa 날개 편 길이 24~38 mm

흔한 종으로, 날개 끝에 흰 점무늬가 하나 있다. 여름에 나오는 개체는 날개의 검은 무늬에 갈색기가 나타난다. 애벌레의 먹이 식물은 굴피나무이다. 엄지벌레는 5~6월과 7~8월에 두 번 발생한다. 남한 전역에 분포하나 부속 섬에서의 기록은 없다. 사진에서처럼 낮에 물가를 찾는 일이 있다.

소뿔가지나방

Ennomos autumnaria
날개 편 길이 38~43 mm

가을에 출현하는 종으로 산지에 많다. 날개는 황갈색 바탕에 짧은 갈색 선이 빽빽이 나 있다. 엄지벌레는 8~9월에 한 번 발생한다. 남한 전역에 분포하나 부속 섬에서의 기록은 없다.

▲ 2000. 9. 7. 주금산(경기)

▲ 2001. 7. 20. 오대산(강원)

짤름무늬가지나방

Proteostrenia falcicula 날개 편 길이 33~38 mm

강원도 산지에는 흔한 종으로, 날개 끝이 낫 모양으로 패여 있다. 엄지벌레는 6월 말~8월에 한 번 발생한다. 경기도 북부와 강원도에 분포한다.

솔밭가지나방

Xerodes rufescentaria
날개 편 길이 29~41 mm

소나무가 많은 곳에 가면 그 수가 많다. 낮에도 인기척에 놀라 날아다니는 것을 쉽게 발견할 수 있다. 애벌레는 소나무 잎을 먹고 산다. 엄지벌레는 5~6월과 7~8월에 두 번 발생한다. 남한 전역에 분포한다.

◀ 1998. 7. 5. 주금산(경기)

▲ 2001. 7. 26. 관음사(제주)

뒷분홍가지나방

Heterolocha aristonaria 날개 편 길이 19~28 mm

평지에서 산지까지 흔한 종으로, 특히 제주도에 많다. 계절 혹은 개체 사이의 날개의 크기와 빛깔의 변화가 풍부하다. 엄지벌레는 4~5월과 7~8월에 두 번 발생한다. 남한 전역에 분포한다.

▲ 2002. 8. 19. 거제도(경남)

갈고리가지나방

Fascellina chromataria 날개 편 길이 34~38 mm

앉을 때 앞날개를 곧추 펴는 자세가 특이하다. 낮은 산지에서 높은 산지까지 흔하며, 4~5월과 7~8월에 두 번 발생한다. 제주도와 거제도는 물론 남한 전역에 분포한다.

보라끝가지나방

Selenia tetralunaria
날개 편 길이 28~39 mm

산지에 많으며, 봄형이 여름형보다 크다. 또, 개체에 따라 빛깔의 차이가 많다. 엄지벌레는 4~5월과 7~8월에 두 번 발생한다. 남한 전역에 분포하나 부속 섬에서의 기록은 없다. 사진은 짝짓기를 마치고 쉬고 있는 장면이다.

▶ 2001. 7. 20. 오대산(강원)

▲ 2001. 7. 27. 어리목(제주)

굵은줄제비나방

Ourapteryx koreana
날개 편 길이 40~64 mm

평지에서 산지까지 흔한 종이다. 날개는 흰색 바탕에 엷은 검은색의 내 · 외횡선이 발달한다. 엄지벌레는 6~8월과 9~10월 초에 두 번 발생한다. 남한 전역에 분포하나 울릉도에서의 기록은 없다.

▲ 2001. 6. 6. 북한산(서울)

제비가지나방

Ourapteryx subpunctaria   날개 편 길이 34~46 mm

앞의 종과 비슷하나 조금 작고, 뒷날개 외횡선이 굴곡한다. 엄지벌레는 6~8월에 발생한다. 남한 전역에 분포하나 부속 섬에서의 기록은 없다.

제비나방과 Uraniidae

한국에는 모두 6종만 알려져 있는 소그룹이나 앞으로 많이 추가될 여지가 많다. 수컷의 더듬이는 굵고 톱니 모양을 한다. 낮에도 발견되는 일이 많은 데, 잎 위에 날개를 펼치고 앉기 때문이다.

제비나방

Acropteris iphiata

날개 편 길이 25~29 mm

밤에 등불에 유인되나 낮에도 날아다닌다. 풀잎에 앉을 때에는 날개를 활짝 편다. 엄지벌레는 6~8월에 한 번 발생한다. 남한 전역에 분포하나 부속 섬에서의 기록은 없다.

▶ 1999. 5. 30. 주금산(경기)

흑점쌍꼬리나방

Epiplema moza

날개 편 길이 19~25 mm

뒷날개 외연에 밖으로 돌출한 부분이 두 곳 있다. 평지 또는 산지에 흔한 종으로 낮에도 잘 발견된다. 엄지벌레는 5~9월에 발생한다. 경기도와 전라 남도에 분포하는데, 글쓴이는 제주도에서도 발견한 적이 있다.

▶ 1998. 7. 30. 관음사(제주)

제비나비붙이과 Epicopeiidae

1과 1속의 작은 그룹이다. 제비나비와 흡사하여, 날아다닐 때에는 혼동되는 일이 많다. 아마 서로 의태 관계에 있는 것으로 보인다. 애벌레는 굵고 짧은 형태로, 몸의 표면에 밀납 모양의 물질을 분비하여 붙여 놓는 습성이 있다.

▲ 1997. 7. 17. 설악산(강원)

두줄제비나비붙이

Epicopeia menciana 날개 편 길이 55~65 mm

사향제비나비와 아주 비슷하여 혼동하기 쉽다. 꼬리 모양 돌기가 나 있는 점, 뒷날개 아외연과 배에 붉은 무늬가 있는 점 등이 매우 닮았다. 이것은 독이 있는 사향제비나비처럼 생겨, 독이 있음을 보이려는 의태 현상으로 보인다. 엄지벌레는 6월 말~8월에 보이는데, 낮에 날아다닌다. 남한 전역에 분포하나 부속 섬에는 살지 않는다.

뿔나비나방과 Callidulidae

소형으로, 뿔나비와 아주 닮았다. 대부분 낮에 날아다니며, 큰까치수영 등 여러 꽃에 잘 날아온다. 나비처럼 날개를 접고 앉는다. 주로 동양 열대구에 종 수가 많으나, 우리 나라에는 한 종뿐이다.

▲ 1998. 7. 24. 울릉도 나리동(경북)

뿔나비나방

Pterodecta felderi 날개 편 길이 28~33 mm

애벌레의 먹이 식물은 고사리이다. 엄지벌레 상태로 겨울을 나고, 봄과 여름 사이에 유생기를 거친다. 간혹 뿔나비인 것으로 착각할 때가 많다. 경기도, 강원도, 충청 남도에 분포하며, 강원도에는 그 수가 아주 많다.

솔나방과 Lasiocampidae

중 · 대형의 나방 무리로, 나무에 앉으면 마른 나뭇잎처럼 보인다. 등불에 잘 날아들며, 몸을 뒤집으면서 등불 주위를 크게 요동친다. 애벌레들은 몸에 털이 많고, 개중에는 독모도 있다. 크게 발생할 때에는 여러 나무에 피해를 입히는 삼림 해충으로 유명하다.

▲ 2001. 7. 20. 오대산(강원)

대만나방

Paralebeda plagifera 날개 편 길이 60~112 mm

날개를 접고 앉으면 나무 토막 같은 분위기가 든다. 애벌레는 은행나무를 해치는 것으로 알려져 있다. 엄지벌레는 6~8월에 한 번 발생한다. 남한 전역에 분포하나 울릉도에서의 기록은 없다.

▲ 1999. 8. 4. 소백산(경북)

송솔나방

Dendrolimus superans 날개 편 길이 61~90 mm

흔한 종으로, 애벌레는 소나무의 해충으로 알려져 있다. 날개의 무늬는 일정하지 않고 다양하나 앞날개 중앙의 흰 점무늬는 모두 뚜렷하다. 엄지벌레는 6~8월에 한 번 발생한다. 남한 전역에 분포하나 부속 섬에서의 기록은 없다.

▲ 1997. 7. 24. 중문(제주)

솔나방

Dendrolimus spectabilis 날개 편 길이 45~85 mm

예전에는 애벌레가 '송충이'로 알려져 소나무의 큰 해충으로 유명했었다. 아직도 제주도에서는 많이 발생한다. 날개의 무늬는 수컷보다 암컷 쪽이 뚜렷하다. 애벌레로 월동한다. 엄지벌레는 7~9월에 한 번 발생한다. 남한 전역에 분포한다.

반달누에나방과 Endromidae

중형의 크기로, 주로 삼림 경계부에 산다. 우리 나라에는 반달누에나방 한 종뿐이다.

▲ 1998. 5. 3. 백운산(경남)

반달누에나방

Mirina christophi 날개 편 길이 42~53 mm

더듬이는 수컷이 빗살 모양이고 암컷은 실 모양이다. 앞날개 중실에 반달 모양의 검은 점무늬가 두드러져 이름이 붙여진 것 같다. 엄지벌레는 5~6월에 걸쳐 한 번 나타난다. 남한에는 경기도, 강원도와 지리산, 경상 남도 백운산에 분포한다.

누에나방과 Bombycidae

소형에서 중형의 크기로, 우리 나라에는 4종밖에 없는, 비교적 작은 그룹이다. 동양에만 분포하며, 예로부터 옷감의 재료인 명주실을 만들어 인간 생활과 밀접한 관계를 맺고 있다. 엄지벌레는 입이 퇴화하여 아무 것도 먹지 못한다.

▲ 1998. 8. 4. 해산(강원)

물결멧누에나방

Oberthuria caeca 날개 편 길이 39~51 mm

날개는 황갈색 바탕에 짧은 흑갈색 무늬가 퍼져 있다. 밤에 등불에 날아와 앉으며 날개를 가늘게 떠는 습성이 있다. 앞날개 끝은 뾰족하다. 엄지벌레는 5~8월에 발생한다. 남한 전역에 분포하나 울릉도에서의 기록은 없다.

누에나방

Bombyx mori

날개 편 길이 30~50 mm

고치에서 실을 뽑아 내어 인간 생활에 도움을 주는 몇 안 되는 곤충 중의 하나이다. 중국에서 야생종 멧누에나방을 개량하여 생긴 종으로 추측된다. 이 나방은 엄지벌레가 되어도 날지 못한다. 1개의 고치에서 600 m 이상의 실이 생긴다고 한다.

▲ 1998. 7. 20. 수원(경기)

왕물결나방과 Brahmaeidae

소그룹으로 산누에나방과와 비슷하나 독특한 모양을 하고 있다. 우리 나라에 왕물결나방과 산왕물결나방 두 종이 있다. 고치를 만들지 않으며, 흙 속에서 번데기가 된다.

▲ 2001. 7. 20. 오대산(강원)

산왕물결나방

Brahmaea tancrei 날개 편 길이 110~140 mm

날개는 흑갈색에 횡선이 빽빽이 나 있고 모두 곡선을 이룬다. 애벌레는 쥐똥나무를 먹는다. 엄지벌레는 5월 중순~8월에 발생한다. 경기도와 강원도에 집중 분포한다.

산누에나방과 Saturniidae

대부분 대형종이며, 날개에 눈알 모양 무늬가 있는 종류가 많다. 더듬이는 빗살 모양인데, 암컷 쪽이 짧다. 입은 퇴화하여 아무것도 먹지 않는다. 애벌레는 실을 내어 만든 고치 안에서 번데기가 된다. 예전에는 여기에서 실을 뽑아 쓴 일이 있다. 우리 나라에는 11종이 있다.

▲ 1998. 8. 3. 춘천(강원)

가중나무고치나방

Samia cynthia 날개 편 길이 110~135 mm

앞날개 끝이 뾰족하게 튀어나오며, 검은 무늬 하나가 눈에 띈다. 애벌레는 가중나무, 대추나무, 산초나무 등의 다양한 잎을 먹으며, 잎을 엮어 그 속에 고치를 만든다. 엄지벌레는 5~9월에 한두 번 발생한다. 남한 전역에 분포한다.

▲ 1998. 7. 30. 관음사(제주)

참나무산누에나방

Antheraea yamamai 날개 편 길이 112~150 mm

앞뒷날개에 눈알 무늬가 각각 하나씩 있다. 밤에 등불에 날아들면 펄럭펄럭 크게 부딪치게 되어, 새가 날아온 것으로 착각하기 쉽다. 애벌레는 참나무과 식물의 잎을 먹으며, 번데기가 될 때 만들어진 고치로 녹색의 실을 뽑아 쓴 일이 많다. 엄지벌레는 7월 말~9월에 한 번 발생한다. 남한 전역에 분포하나 울릉도에서의 기록은 없다.

▲ 1994. 4. 22. 무등산(전남)

옥색긴꼬리산누에나방

Actias gnoma 날개 편 길이 80~120 mm

불빛에 날아오는 대형종으로, 옥색의 날개가 매우 수려하다. 유사종은 '긴꼬리산누에 나방' 이 있는데, 매우 유사하여 구별하기 어려우나 외횡선과 뒷날개의 눈알 무늬가 약간 차이가 난다. 엄지벌레는 5~8월 사이에 두 번 발생한다. 남한 전역에 분포하나 울릉도에서의 기록은 없다.

▲ 1995. 10. 1. 방태산(강원)

작은산누에나방

Caligula boisduvalii 날개 편 길이 78~91 mm

가을에 불빛에 날아드는 일이 있다. 날개는 초콜릿 빛깔을 띠며, 눈 모양 무늬가 발달한다. 애벌레의 먹이 식물로 밤나무 등이 알려져 있다. 사진은 짝짓기한 상태로 앞에 보이는 개체가 암컷이고 아래에 마주보고 있는 것이 수컷이다. 엄지벌레는 10~11월에 한 번 발생한다. 남한 전역에 분포하나 울릉도에서의 기록은 없다.

▲ 2002. 4. 5. 화야산(경기)

네눈박이산누에나방

Aglia tau

날개 편 길이 56~74 mm

이른 봄에 잡목림 숲 주변을 빠르게 날아다닌다. 수컷은 낮에 활동하는데, 암컷은 밤에 등불에 유인된다. 엄지벌레는 4~6월 초에 한 번 발생한다. 남한 전역에 분포하나 부속 섬에서의 기록은 없다.

박각시과 Sphingidae

중형에서 대형의 나방으로, 삼각형 모양의 앞날개가 독특하다. 몸은 방추형이다. 빨리 날고, 먼 거리를 이동할 수 있다. 입이 발달하여 꽃이나 나뭇진에 잘 날아온다. 대부분 밤에 활동하나 개중에는 낮에 적응한 무리도 있다. 애벌레는 배마디끝에 꼬리뿔이 나 있으나, 이것으로 사람을 찌르지는 않는다.

톱날개박각시

Laotoe amurensis

날개 편 길이 67~83 mm

앞뒷날개는 자갈색으로, 외연이 톱날처럼 생겼다. 뒷날개 외연에 튀어나온 부분이 있다. 엄지벌레는 6~8월에 한 번 발생한다. 남한 전역에 분포하나 부속 섬에서의 기록은 없다.

▶ 1998. 8. 4. 소백산(경북)

등줄박각시

Marumba sperchius

날개 편 길이 98~115 mm

앞날개는 회갈색, 뒷날개는 적갈색이다. 다 자란 애벌레는 흙 속으로 들어가 번데기가 된다. 엄지벌레는 5~8월에 두 번 발생한다. 남한 전역에 분포하나 울릉도에서의 기록은 없다.

▶ 2001. 6. 30. 천왕사(제주)

▲ 2001. 6. 23. 천왕사(제주)

갈고리박각시

Ambulyx japonica 날개 편 길이 75~98 mm

흔한 종으로, 평지나 산지 어디에서도 산다. 앞날개에 흑갈색 굵은 띠가 있고, 중실 끝에 검은 점무늬가 있다. 엄지벌레는 6~8월에 발생한다. 남한 전역에 분포한다.

▲ 2002. 8. 18. 거제도(경남)

물결박각시

Dolbina tancrei

날개 편 길이 60~68 mm

흔한 종으로, 5월 말~8월 말까지 나타난다. 날개 윗면에 흑갈색 물결 모양 무늬가 나타나며, 중실에 흰 점이 눈에 띈다. 오래 된 표본은 물결 모양 무늬가 약해진다. 애벌레는 물푸레나무과 식물을 먹는다. 전국에 분포한다.

▲ 1995. 6. 25. 고령산(경기)

주홍박각시

Deilephila elpenor 날개 편 길이 55~65 mm

등불에 날아들기도 하고 참나무의 진에도 날아드는 흔한 종이다. 날개의 주홍빛이 아주 아름답다. 애벌레의 먹이 식물은 달맞이꽃이다. 엄지벌레는 6~8월에 발생한다. 남한 전역에 분포한다.

대왕박각시

Langia zenzeroides

날개 편 길이 140~154 mm

이른 봄에 나타나는 우리 나라에서 가장 큰 박각시이다. 앉을 때에는 날개를 잔뜩 웅크린 자세를 취한다. 애벌레는 복숭아나무 잎을 먹으며, 번데기로 월동한다. 엄지벌레는 3~4월에 한 번 발생한다. 남한 전역에 분포하나 울릉도에서의 기록은 없다.

▲ 1995. 4. 30. 천마산(경기)

▲ 1997. 10. 12. 대부도(경기)

꼬리박각시

Macroglossum stellatarum 날개 편 길이 47~53 mm

낮에 활동하며, 국화 등 여러 꽃에 날아와 꿀을 빤다. 엄지벌레는 6~10월에 나타나는데, 이듬해 봄에도 날아다닌다. 월동은 집 처마 밑에서 엄지벌레로 하는 것을 발견한 적이 있다. 남한 전역에 분포하나 울릉도에서의 기록은 없다.

▲ 1998. 6. 6. 주금산(경기)

포도박각시

Ascomeryx naga

날개 편 길이 85~95 mm

흔한 종으로, 낮은 산지에 주로 많다. 밤에 불빛이 날아오면 심하게 요동치지만, 한 번 자리를 잡으면 거의 움직이지 않는다. 애벌레는 포도나무의 해충이다. 엄지벌레는 4~8월에 발생한다. 남한 전역에 분포한다.

머루박각시

Ampelophaga rubiginosa
날개 편 길이 84~97 mm

흔한 종으로, 산지나 평지에 많다. 중횡선의 너비가 넓다. 애벌레는 포도나 야생 머루의 잎을 먹는다. 엄지벌레는 6~8월에 발생한다. 남한 전역에 분포한다.

▲ 1997. 8. 30. 대부도(경기)

▲ 2001. 6. 3. 금강 유원지(충북)

줄박각시

Theretra japonica 날개 편 길이 55~76 mm

흔한 종으로, 산지에 많다. 앞날개 끝에서 후연 쪽으로 비스듬한 선이 발달한다. 엄지벌레는 5~8월에 발생한다. 남한 전역에 분포한다.

재주나방과 Notodontidae

중형에서 대형의 나방으로, 날개의 형태와 앉아 있는 모습이 다양한 그룹이다. 애벌레 중에는 머리와 꼬리를 젖히는 모습을 하는 종류도 있다. 애벌레는 각종 활엽수에 붙는다. 우리 나라에는 100종이 기록되어 있다.

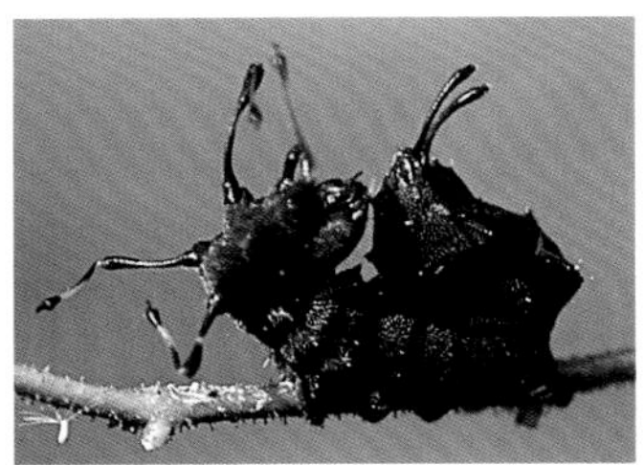

사진은 재주나방과 애벌레의 일종으로, 건드리거나 천적의 위협을 받으면, 머리와 배 끝을 뒤로 젖힌 모습이 이채롭다. 머리와 다리를 몹시 떠는 행동도 한다.

◀ 1993. 9. 19. 주금산(경기)

▲ 2001. 7. 20. 오대산(강원)

흰날개재주나방

Leucodonta bicoloria 날개 편 길이 36~42 mm

재주나방으로는 드물게 흰 바탕에 날개 중앙에 붉은색 무늬가 나타난다. 엄지벌레는 5~7월에 발생한다. 남한 전역에 분포하나 부속 섬에서의 기록은 없다.

▲ 2001. 7. 20. 오대산(강원)

박각시재주나방

Pheosia rimosa 날개 편 길이 42~45 mm

날개에 은회색 부위가 넓다. 박각시라는 이름은 들어 있으나 실제 생김새는 비슷하지 않다. 엄지벌레는 5~7월에 한 번 발생한다. 태백 산맥을 중심으로 분포한다.

참나무재주나방

Phalera assimilis
날개 편 길이 47~63 mm

흔한 종으로, 마을 주변은 물론 산지에도 많다. 앞날개 끝은 길쭉한 노란 무늬가 있다. 건드리면 배를 구부리는 행동을 한다. 애벌레는 신갈나무와 상수리나무를 먹는다. 엄지벌레는 6~8월에 한 번 발생한다. 남한 전역에 분포하나 울릉도에서의 기록은 없다.

▲ 1998. 7. 16. 홍천 대명콘도(강원)

▲ 2001. 4. 22. 해산(강원)

이른봄재주나방(신칭)

Odontosia sieversii　　날개 편 길이 39 mm

지금까지 우리 나라에 기록이 없던 종으로 이번에 처음 기록된다. 엄지벌레는 이른 봄인 4월에 발생한다. 강원도 화천군 해산에서 2002년 4월 21일에 수컷 한 마리를 채집하였다.

꽃술재주나방

Dudusa sphingiformis
날개 편 길이 70~89 mm

날개에는 흑갈색 선이 나 있으며, 앞날개 외연은 톱날같다. 배 끝에 꽃술 모양의 털뭉치가 있다. 엄지벌레는 5월과 7~8월에 두 번 발생한다. 남한 전역에 분포하나 울릉도에서의 기록은 없다.

◀ 1998. 7. 29. 한라산 어리목(제주)

▲ 1998. 7. 29. 한라산 어리목(제주)

주름재주나방

Pterostoma gigantina 날개 편 길이 52~66 mm

흔한 종으로, 앞날개가 주름이 있는 무늬를 하고 있다. 애벌레의 먹이 식물은 떡갈나무이다. 엄지벌레는 4~6월과 7~8월에 두 번 발생한다. 남한 전역에 분포하나 울릉도에서의 기록은 없다.

버들재주나방

Clostera anastomosis
날개 편 길이 32~39 mm

소형의 재주나방으로, 앞날개는 적갈색을 띤다. 애벌레의 먹이 식물은 버드나무류이다. 엄지벌레는 5~9월에 한 번 발생한다. 남한 전역에 분포하나 울릉도에서의 기록은 없다.

▶ 1992. 9. 20. 금강 유원지(충북)

독나방과 Lymantriidae

중형에서 대형의 나방으로, 밤나방에 가까운 그룹이다. 대부분 밤에 활동한다. 입은 퇴화하여 아무것도 먹지 않는다. 암수의 형태 차이가 나는 경우가 많다. 암컷 중에는 날개가 퇴화하여 날지 못하는 종류도 있다. 독나방이라는 이름은 애벌레 중에 독모가 있어 이것에 찔리면 몹시 가려워지는 등의 피해가 속출함으로써 생긴 이름이다.

▲ 1998. 6. 23. 주금산(경기)

콩독나방

Cifuna locuples 날개 편 길이 34~53 mm

흔한 종으로, 평지나 산지 어디에나 많다. 앉을 때 더듬이를 뒤로 젖히고 앞다리를 앞쪽으로 쭉 뻗는 자세를 한다. 애벌레는 콩과 식물을 해친다. 엄지벌레는 5~8월에 한 번 발생한다. 남한 전역에 분포하나 부속 섬에서의 기록은 없다.

♀. ▲ 1993. 7. 31. 방태산(강원)

매미나방

Lymantria dispar

날개 편 길이 42~70 mm

흔한 종으로, 수컷은 낮에 활발하게 날아다니는데, 나는 모습이 매우 어지럽다. 이에 비해 암컷은 밤에만 활동하고 낮에는 꼼짝도 하지 않는다. 수컷의 날개 빛깔은 흑갈색을 띠나 암컷은 유백색을 띠어 쉽게 구별된다. 애벌레는 100여 종의 식물을 먹고 사는 것으로 알려져 있다. 엄지벌레는 6월 말~8월에 한 번 발생한다. 남한 전역에 분포한다.

♂. ▲ 1998. 7. 16. 홍천 대명콘도(강원)

▲ 2001. 7. 20. 오대산(강원)

얼룩매미나방

Lymantria monacha
날개 편 길이 35~65 mm

흔한 종으로, 매미나방과 비슷하게 생겼으나 수컷의 날개 빛깔이 더 밝고 암컷은 조금 어둡다. 엄지벌레는 7~8월에 한 번 발생한다. 남한 전역에 분포하나 부속 섬에서의 기록은 없다.

▲ 1995. 8. 20. 주금산(경기)

독나방

Euproctis subflava　　날개 편 길이 21~35 mm

애벌레는 다수의 독모를 가지고 있다. 엄지벌레도 날개돋이 때 고치에 붙어 있는 독모가 배에 붙어 등불에 날아와 사람의 피부에 닿으면 자극을 주는 피해를 입힌다. 애벌레는 여러 종류의 식물을 먹는다. 엄지벌레는 6~9월에 한 번 발생한다. 남한 전역에 넓게 분포한다.

황다리독나방

Ivela auripes

날개 편 길이 43~61 mm

흔한 종으로, 흐린 날 낮에 매우 힘없이 날아다닌다. 앞다리에 노란 무늬가 있다. 엄지벌레는 6~7월에 한 번 발생한다. 남한 전역에 분포하나 부속 섬에서의 기록은 없다.

▶ 2002. 6. 6. 정개산(경기)

불나방과 Arctiidae

대부분 소형에서 중형이며, 전세계에 분포하나 주로 열대 지방에 종류가 많다. 날개의 색채나 무늬가 예쁜 종류가 많다. 대부분 야행성으로 등불에 잘 날아든다. 옛말의 불나비라는 말은 이들을 지칭한다. 대개 애벌레의 몸에 털이 많으며, 거미줄 같은 그물을 치고 함께 모여 사는 경우가 많다.

앞노랑검은불나방

Ghoria collitoides

날개 편 길이 33~42 mm

앞날개 전연과 목판은 주황색이나 나머지 부분은 흑갈색이다. 밤에 등불에 많이 모인다. 엄지벌레는 6~8월에 한 번 발생한다. 남한 전역에 분포하나 제주도에서의 기록은 없다.

▶ 1997. 9. 21. 광덕산(강원)

점무늬불나방

Spilisoma punctaria
날개 편 길이 37~43 mm

흔한 종으로, 날개는 흰색인데 검은 점들이 나 있다. 개체에 따라 많고, 적은 개체 변이가 나타난다. 배는 주홍색이다. 엄지벌레는 5~9월에 두세 번 발생한다. 남한 전역에 분포하나 울릉도에서의 기록은 없다.

◀ 1998. 7. 5. 주금산(경기)

▲ 1998. 6. 21. 쌍용(강원)

별박이안주홍불나방

Rhyparioides amurensis 날개 편 길이 47~53 mm

앞날개는 노란색이고 뒷날개는 엷은 붉은색을 띤다. 뒷날개는 굵고 검은 점들이 발달한다. 엄지벌레는 6~8월에 한 번 발생한다. 남한 전역에 분포하나 부속 섬에서의 기록은 없다.

흰무늬왕불나방

Aglaeomorpha histrio
날개 편 길이 75~85 mm

흔한 종으로, 산지 계곡의 낮은 풀잎에 날개를 지붕처럼 접고 앉아 있는 개체를 우연히 볼 기회가 많다. 놀라면 붉은 날개를 펄럭이며 멀찍이 날아간다. 주로 밤에 등불에 잘 날아온다. 엄지벌레는 5~8월에 발생한다. 남한 전역에 분포하나 부속 섬에서의 기록은 없다.

▲ 1990. 6. 6. 무등산(전남)

▲ 1994. 9. 20. 광덕산(강원)

불나방

Arctia caja 날개 편 길이 60~65 mm

더듬이는 수컷이 빗살 모양이고, 암컷은 톱니 모양이다. 앞날개와 뒷날개의 점무늬의 크기와 수의 변화가 많다. 엄지벌레는 8~9월에 한 번 발생한다. 남한 전역에 분포하나 부속 섬에서의 기록은 없다.

애기나방과 Ctenuchidae

우리 나라에 2종만 기록이 있는 소그룹으로, 최근에는 이 과를 불나방과에 편입시키는 추세이다. 엄지벌레는 날개에 투명한 막질 부분이 있는데, 앞날개가 가늘고 긴 편이며, 뒷날개는 작아 불균형이다. 낮에 활동하며, 나무 위나 풀 위를 날아다닌다. 벌처럼 보여 의태 현상으로 받아들여진다.

▲ 1993. 7. 14. 영월(강원)

노랑애기나방

Amata germana 날개 편 길이 31~42 mm

흔한 종으로, 낮에 활발하게 날아다닌다. 꽃에 날아와 꿀을 빨기도 하고, 수컷인 경우 일정한 높이로 배회하는 모습이 잘 관찰된다. 엄지벌레는 7~8월에 한 번 발생한다. 남한 전역에 분포한다.

밤나방과 Noctuidae

나방 중에 가장 수가 많은 그룹으로, 1cm 미만의 크기에서 12cm 크기까지 매우 다양하다. 주로 밤에 날아다닌다는 의미의 이름이 붙어 있다. 애벌레 중에는 작물에 심각한 피해를 입히는 것도 있다.

탐시버짐나방

Xanthomantis contaminata
날개 편 길이 41~45 mm

앞날개는 흑갈색이나 뒷날개는 외연만을 제외하고는 노란색이다. 엄지벌레는 6~7월에 한 번 발생하는데, 흔하지 않다. 남한 전역에 분포하나 울릉도에서의 기록은 없다.

▶ 2001. 6. 23. 천왕사(제주)

솔버짐나방

Panthea coenobita
날개 편 길이 36~55 mm

앞날개는 흰 바탕에 검은 무늬가 발달하나 뒷날개는 날개맥만 검다. 흔한 종으로, 낙엽 활엽수림에 많다. 엄지벌레는 5~9월에 두 번 발생한다. 남한 전역에 분포하나 울릉도에서의 기록은 없다.

▶ 1998. 6. 6. 주금산(경기)

이른봄밤나방

Xylena formosa

날개 편 길이 43~57 mm

주로 이른 봄에 활동하는데, 단풍나무나 고로쇠나무의 수액에 잘 날아온다. 당밀로 채집이 가능하다. 엄지벌레는 10월에 발생하여 그대로 월동했다가 3~4월에 다시 활동한다. 남한 전역에 분포하나 울릉도에서의 기록은 없다.

◀ 2001. 4. 5. 정선 만지(강원)

막대무늬밤나방

Orthosia askoldensis

날개 편 길이 33~38 mm

흔한 종으로, 단풍나무의 수액에 날아온다. 당밀로 채집이 가능하다. 현재 경기도와 강원도, 전라남도 백양사에 분포한다. 엄지벌레는 3월 말~5월 초에 한 번 발생한다.

◀ 2001. 4. 5. 동강(강원)

떡갈나무밤나방

Conistra ardescens

날개 편 길이 29~34 mm

엄지벌레는 11월에 발생하여 그대로 월동했다가 봄에 다시 활동한다. 이른 봄에 단풍나무의 수액에 잘 날아온다. 당밀로 채집이 가능하다. 낙엽 위에 앉으면 좀처럼 구별되지 않는다. 남한 전역에 분포하나 부속 섬에서의 기록은 없다.

▶ 2001. 4. 5. 정선 만지(강원)

연두무늬밤나방

Panthauma egregia

날개 편 길이 53~60 mm

수컷 더듬이는 기부에서 2/3까지는 빗살 모양이고 나머지 부분은 실 모양이다. 앞날개 기반부와 전연의 삼각형 무늬는 녹색기가 있는 검은색을 띤다. 엄지벌레는 7~8월에 한 번 발생하는데, 드문 종이다. 태백 산맥을 중심으로 분포한다.

▶ 1999. 8. 4. 소백산(경북)

선녀밤나방

Perigrapha hoenei

날개 편 길이 47~55 mm

흔한 종으로, 날개는 갈색 바탕에 규칙적인 검은색 무늬가 나 있다. 당밀로 채집이 가능하다. 엄지벌레는 3~5월에 한 번 발생한다. 현재 경기도와 강원도, 전라 남도 일부 지역에 분포한다.

◀ 2001. 4. 15. 정선 만지(강원)

씨자무늬거세미나방

Xestia c-nigrum

날개 편 길이 40~47 mm

흔한 종으로, 앞날개는 회갈색 바탕에 'C' 자가 뚜렷한 가락지 모양 무늬가 있다. 앞날개 전연에는 연한 황갈색의 삼각형 무늬가 있다. 엄지벌레는 5~10월에 수회 발생한다. 남한 전역에 분포하나 울릉도에서의 기록은 없다.

◀ 1999. 5. 30. 주금산(경기)

비행기밤나방

Eutelia geyeri

날개 편 길이 34~40 mm

앉을 때 날개를 가로로 가늘게 접은 모습이 비행기를 연상시킨다. 엄지벌레는 6월에 발생하여 늦가을까지 활동하다가 그대로 월동하여 봄에 다시 활동한다. 간혹 집 지붕 아래나 동굴 속에 들어가 월동하기도 한다. 남한 전역에 분포하나 부속 섬에서의 기록은 없다.

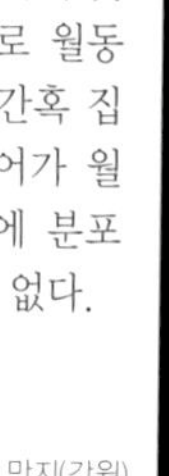

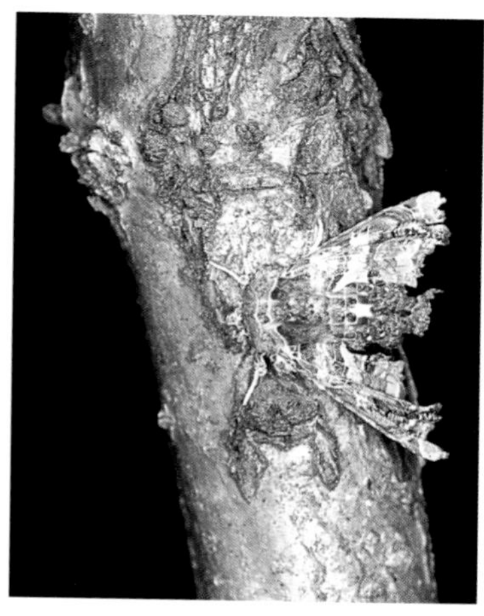

▶ 2001. 4. 5. 정선 만지(강원)

줄까마귀밤나방

Apopestes indica

날개 편 길이 64~67 mm

앞날개는 잿빛이 도는 갈색으로 흑갈색의 잔 점이 퍼져 있다. 엄지벌레는 7월에 발생하여 동굴에 들어가 월동하고 봄에 다시 활동한다. 강원도에만 분포한다.

▶ 1999. 12. 12.

▲ 1998. 7. 5. 주금산(경기)

그물밤나방

Sinna extrema 날개 편 길이 32~38 mm

낮에 발견되는 일은 있으나 우연히 날아가는 것이지 활동하는 것 같지는 않다. 앞날개에는 흰 바탕에 그물 모양 무늬가 있다. 엄지벌레는 5~8월에 발생한다. 경기도와 강원도의 산지에 분포한다.

가중나무껍질나방

Eligma narcissus

날개 편 길이 67~71 mm

예쁘게 생긴 나방이다. 애벌레는 가중나무를 먹고 자라며, 번데기는 소리를 낸다고 알려져 있다. 엄지벌레는 7~9월에 한 번 발생한다. 남한 전역에 분포하나 울릉도에서의 기록은 없다.

◀ 2001. 10. 경희여고(서울)

쌍줄푸른밤나방

Pseudoips faganus
날개 편 길이 32~41 mm

앞날개는 연두색으로 두 개의 흰 사선이 눈에 띈다. 수컷의 뒷날개는 노란색이고 암컷은 흰색이다. 엄지벌레는 5~6월과 7~9월에 두 번 발생한다. 남한 전역에 분포한다.

▶ 2002. 6. 9. 주금산(경기)

▲ 1991. 5. 5. 화악리(경기)

얼룩나방

Chelonomorpha japana 날개 편 길이 53~61 mm

낮에 날아다니며 복숭아나무꽃 등 여러 꽃에 잘 날아온다. 날아다니는 모습을 보고 나비로 착각하는 경우가 많다. 엄지벌레는 4~6월과 7~8월에 두 번 발생한다. 남한 전역에 분포하나 부속 섬에서의 기록은 없다.

기생얼룩나방

Sarbanissa venusta
날개 편 길이 32~41 mm

앞날개가 자갈색과 흰색 무늬가 어울려 얼룩진 것처럼 보인다. 흔한 종으로 낮에 활동하며, 여러 꽃에서 꿀을 빤다. 엄지벌레는 5~8월에 발생한다. 남한 전역에 분포하나 제주도에서의 기록은 없다.

◀ 1998. 7. 22. 울릉도 나리동(경북)

▲ 2001. 4. 22. 해산(강원)

멋쟁이얼룩나방

Maikona jezoensis 날개 편 길이 42~43 mm

글쓴이가 강원도 화천군에 위치한 해산에서 4월에 처음 채집하여 보고한 종이다. 국외에는 일본과 타이완에 분포한다. 가슴과 배에는 가는 털이 밀생하는데, 특히 뒷가슴 끝 등에 검은 털뭉치가 나 있다. 다른 얼룩나방처럼 낮에 날지 않는 것 같다.

▲ 1995. 9. 28. 오대산(강원)

푸른띠뒷날개나방

Catocala fraxini 날개 편 길이 92 mm 내외

아주 귀한 종으로 *Catocala*속 나방 중 가장 크다. 뒷날개 중앙에 굵은 푸른색 띠가 있다. 엄지벌레는 8~10월에 한 번 발생한다. 강원도 태백 산맥에 분포하며, 거제도에서의 기록도 있다.

흰뒷날개나방

Catocala nivea
날개 편 길이 90 mm 내외

▲ 1998. 8. 20. 화악산(경기)

대형의 *Catocala*속 나방으로 드문 종이다. 앞날개는 회갈색이어서 나무 껍질의 빛깔과 비슷하게 생겼지만, 뒷날개는 흰 바탕에 흑갈색 줄무늬 두 개가 뚜렷하게 나 있다. 엄지벌레는 8~10월에 한 번 발생한다. 경기 북부와 강원도에 분포한다.

▲ 2001. 8. 4. 백화산(충남)

노랑뒷날개나방

Catocala patala 날개 편 길이 69~74 mm

*Catocala*속 나방 중에서 가장 흔한 종이다. 보통은 앞날개가 뒷날개를 가리고 앉으나 참나무 수액에 날아와 앉을 때에는 앞날개를 들어, 뒷날개의 노란 무늬가 보인다. 알로 월동한다. 엄지벌레는 6~8월에 한 번 발생한다. 남한 전역에 분포하나 부속 섬에서의 기록은 없다.

▲ 1987. 8. 9 광릉(경기)

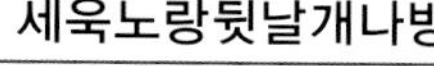

세욱노랑뒷날개나방

Catocala paki
날개 편 길이 63~70 mm

노랑뒷날개나방과 비슷한데, 앞날개 전연 부위가 녹색 비늘가루가 발달하여 차이가 난다. 개체 수는 많지 않다. 엄지벌레는 7~8월에 한 번 발생한다. 현재까지 서울(홍릉)과 경기도 광릉에서만 채집됐다. '세욱'은 나방 연구가 박세욱 씨를 의미한다.

▲ 1992. 8. 7 천마산(경기)

회색붉은뒷날개나방

Catocala electa 날개 편 길이 78~82 mm

흔한 종으로, 낮에 참나무 숲이나 바위 곁에 가면 후루룩 날아 더 어두운 장소로 이동하는 것을 볼 수 있다. 앞날개는 회색기가 도는 갈색이며, 뒷날개에 분홍빛 무늬가 이채롭다. 엄지벌레는 6월 말~8월에 한 번 발생한다. 남한 전역에 분포하나 울릉도에서의 기록은 없다.

▲ 2001. 7. 20. 오대산(강원)

흰줄뒷날개나방

Catocala lara

날개 편 길이 67~73 mm

이 속 나방은 앞날개의 무늬가 매우 비슷하여 구별하기 어려우나 뒷날개의 빛깔과 무늬가 크게 다르다. 이 종은 황백색의 띠가 있어 다른 종과 잘 구별된다. 서식지 주변에 등불을 켜면 많이 날아온다. 엄지벌레는 7~8월에 한 번 발생한다. 강원도 태백 산맥 주변 지역에 분포한다.

▲ 1998. 9. 6. 주금산(경기)

큰구름무늬밤나방

Mocis undata　　날개 편 길이 41~49 mm

앞날개는 회갈색 또는 적갈색을 띠는데, 마치 구름 낀 우중충한 모습이다. 엄지벌레는 6~10월에 발생한다. 남한 전역에 분포하나 울릉도에서의 기록은 없다.

깊은숲밤나방

Callistege mi
날개 편 길이 38~47 mm

낮에 날아다니는데, 아직 이 나방의 생태를 모르고 있다. 엄지벌레는 5~6월에 한 번 발생한다. 이 종은 유럽에서 우리 나라에 넓게 분포하는데, 우리 나라는 북부 지방과 한라산 1300 m 이상의 고지에 분리, 분포한다.

▲ 2002. 5. 26. 한라산(제주)

▲ 2002. 7. 22. 천왕사(제주)

흰줄태극나방

Metopta rectifasciata 날개 편 길이 55~63 mm

흔한 종으로, 낮에 인기척에 의해 풀 속에서 날아 나오는 수가 있다. 이 때 날개를 까닥거리며 주위를 경계한다. 밤에 날아와 과일의 상한 부위를 먹기도 하고, 참나무 수액에도 날아온다. 엄지벌레는 6~8월에 발생한다. 남한 전역에 분포하나 울릉도에서의 기록은 없다.

▲ 1994. 5. 29. 남해(경남)

태극나방

Spirama retorta
날개 편 길이 60~72 mm

흔한 종으로, 흰줄태극나방과 습성이 비슷하다. 앞날개에 태극무늬가 있어 유명한 나방이다. 엄지벌레는 5~6월과 7~9월에 두세 번 발생하는데, 계절에 따른 무늬의 변화가 심하다. 남한 전역에 분포한다.

▲ 1998. 6. 21. 쌍용(강원)

검은다리밤나방

Dysgonia obscura 날개 편 길이 14~15 mm

흔한 종으로, 낮에 잘 날아다닌다. 날았다가 앉을 때 날갯짓을 여러 번 한다. 엄지벌레는 5~6월에 발생한다. 남한 전역에 분포하나 울릉도에서의 기록은 없다.

산그물무늬짤름나방

Pangrapta perturbans
날개 편 길이 25~36 mm

낮에 풀밭이나 돌이 많은 땅에 앉아 있는 경우가 많으나 특별히 활동하지는 않는다. 날았다가 앉을 때 날개를 까닥거리는데, 마치 헐떡거리는 모양새이다. 엄지벌레는 4~6월과 7~8월에 발생한다. 남한 전역에 분포하나 울릉도에서의 기록은 없다.

▲ 1998. 6. 6. 주금산(경기)

▲ 1998. 6. 6. 주금산(경기)

노랑무늬수염나방

Paracolax contigua 날개 편 길이 18~23 mm

앞날개는 황갈색으로 주황색 콩팥무늬가 나타난다. 엄지벌레는 7~8월에 발생한다. 남한의 일부 지역에 국지적으로 분포하나 부속 섬에서의 기록은 없다.

줄수염나방

Paracolax trilinealis
날개 편 길이 28~33 mm

날개는 황갈색으로, 앞날개 외횡선이 둥그렇게 보인다. 엄지벌레는 5~9월에 발생한다. 남한 전역에 분포하나 부속 섬에서의 기록은 없다.

◀ 1997. 8. 6. 광릉(경기)

▲ 2002. 6. 9. 주금산(경기)

쌍복판눈수염나방

Edessena hamada 날개 편 길이 28~33 mm

앞날개에 흰색의 V자 무늬가 있는 것 외에는 흑갈색을 띤다. 뒷날개도 온통 흑갈색이나 중실에 작은 흰 점 하나가 있다. 엄지벌레는 6~8월에 한 번 발생한다. 남한 전역에 분포하나 울릉도에서의 기록은 없다.

학명 찾아보기

A

B

E

F

G

I

J

L

M

N

O

P

R

S

T

UVW

X

Y

Z

한국명 찾아보기

ㄱ

ㄴ

ㄷ

ㅁ

ㅂ

ㅅ

ㅇ

ㅈ

ㅎ

참고 문헌

- 조복성, 1959. 한국동물도감 나비류편. 문교부. 서울.
- D' Abrera, B., 1990. *Butterflies of Holarctic region*. Part Ⅱ. Hill House, Victoria, Australia.
- 한국곤충학회 · 한국응용곤충학회, 1984. 한국곤충명집. 744pp. 건국대학교 출판부. 서울.
- 藤岡知夫 · 築山洋 · 千葉秀幸, 1997. 日本産蝶類及び世界近緣種大圖鑑. 396pp, pls. 162. 出版藝術社. 東京.
- 福田晴夫 外, 1982-1984. 原色日本蝶類生態圖鑑 1-4. 保育社. 大阪.
- 猪又敏南, 1982. 復刻原色朝鮮の蝶類解說. pp. 1-24. サイエンティスト社. 東京.
- 猪又敏男 外, 1986. 大圖錄日本の蝶. 499pp. 竹書房. 東京.
- 猪又敏男, 1990. 原色蝶類檢索圖鑑. 223pp. 北隆館. 東京.
- 주흥재 · 김성수, 2002. 제주의 나비. 185pp. 도서출판 정행사. 서울.
- 주흥재 · 김성수 · 손정달, 1997. 원색도감 한국의 나비. 437pp. 교학사. 서울.
- Kim, C.W., 1976. *Distribution atlas of insects of Korea*. 200pp. Korea University Press. Seoul.
- 金容植, 2002. 原色韓國나비圖鑑. 305pp. 교학사. 서울.
- Kurentzov, A.I., 1970. *The butterflies of the Far East U.S.S.R.* 164pp., 14pls. Leningrad.
- 李承模, 1982. 韓國蝶誌. 125pp. Insecta Koreana 編輯委員會. 서울.
- Leech, J.H., 1892-1894. *Butterflies from China, Japan, and Corea*. 4parts. 681pp., 43pls. London.
- 森爲三 · 土居寬暢 · 趙福成, 1934. 原色朝鮮の蝶類. 朝鮮印刷株式會社. 京城.
- 朴奎澤 · 金聖秀, 1997. 곤충자원편람Ⅰ. 한국의 나비. 381pp. 生命工學硏究所 · 韓國곤충分類硏究會.

- Scoble, M.J., 1992. *The Lepidoptera form, function and diversity*. 404pp. National History Museum Publication, Oxford Univ. Press. London.
- 石宙明, 1934. 朝鮮産蝶類の研究(第1報). 鹿兒島高農25周年記念論文集, pp. 631-784.
- Seok, D.M., 1939. *A synonymic list of butterflies of Korea*. 391pp.
- 石宙明, 1943. 朝鮮産蝶類標本目錄(水原農事試驗場所藏). 水原農事試驗場彙報, **15**: 48.
- 石宙明, 1973. 韓國蝶類分布圖. 寶晋齋. 서울.
- 申裕恒, 1991. 한국나비도감. 364pp. 아카데미서적. 서울.
- Tuzov, T.K. et al., 2000. *Guide to the butterflies of Russia and adjacent territories* (Lepidoptera, Rhopalocera). 1: 1-480, 2: 1-580. Pensoft Moscow.

Kyo-Hak
Mini Guide 1

나비 · 나방

초판 발행/2003. 11. 30

지은이/김성수
펴낸이/양철우
펴낸곳/(주)교학사

기획/유홍희
편집/황정순 · 이선희
교정/차진승 · 하유미
장정/오홍환
원색 분해 · 인쇄/본사 공무부

저자와의 협의에 의해 검인 생략함

등록/1962. 6. 26.(18-7)
주소/서울 마포구 공덕동 105-67
전화/편집부 · 312-6685 영업부 · 717-4561~5
팩스/편집부 · 365-1310 영업부 · 718-3976
대체/012245-31-0501320
홈페이지/http://www.kyohak.co.kr

Butterflies · Moths
by Kim Sung-Soo

Published by Kyo-Hak Publishing Co., Ltd., 2003
105-67, Gongdeok-dong, Mapo-gu, Seoul, Korea
Printed in Korea

ISBN 89-09-08353-0 96490